# 天津市市场和质量监督管理行政处罚文书使用手册

天津市市场和质量监督管理委员会　编

中国质检出版社

中国标准出版社

北京

**图书在版编目(CIP)数据**

天津市市场和质量监督管理行政处罚文书使用手册/天津市市场和质量监督管理委员会编．—北京：中国质检出版社，2018.1
ISBN 978-7-5026-4553-3

Ⅰ.①天… Ⅱ.①天… Ⅲ.①市场监管—行政执法—法律文书—天津—手册②质量监督—行政执法—法律文书—天津—手册Ⅳ.①D927.210.229.4—62

中国版本图书馆 CIP 数据核字（2018）第 002955 号

中国质检出版社
中国标准出版社 出版发行
北京市朝阳区和平里西街甲 2 号（100029）
北京市西城区三里河北街 16 号（100045）

网址：www.spc.net.cn
总编室：(010) 68533533 发行中心：(010) 51780238
读者服务部：(010) 68523946
中国标准出版社秦皇岛印刷厂印刷
各地新华书店经销

*

开本 787×1092 1/16 印张 21 字数 463 千字
2018 年 1 月第一版 2018 年 1 月第一次印刷

*

定价 68.00 元

# 编委会成员

# 前　言

根据天津市第十六届人民代表大会常务委员会第三十八次会议通过的《天津市市场和质量监督管理若干规定》第十条的授权，天津市市场和质量监督管理委员会发布《天津市市场和质量监督管理行政处罚程序规定》及行政处罚文书，对天津市市场和质量监督管理系统的行政处罚程序、文书进行了统一。

为指导行政执法人员对行政处罚文书的学习和使用，天津市市场和质量监督管理委员会组织相关人员编写了《天津市市场和质量监督管理行政处罚文书使用手册》一书，对每一种行政处罚文书，从文书应用范围、填写说明、需要注意的相关问题、范例等几个方面进行了具体解析和说明，以供行政执法人员在执法实践中参考使用。

在本书编写、印制过程中，虽经反复审校，仍难免有不妥之处，恳请广大读者批评、指正。同时，该套行政处罚文书需要根据今后的执法实践不断加以完善，希望广大行政执法人员结合执法实践中遇到的问题，多提宝贵意见。

编　者

2018年1月

# 目　录

# 一、概述

1．本使用手册参考《工商行政管理机关行政处罚文书使用手册（2009年版）》《新版质量技术监督行政处罚文书制作与使用解析》和《食品药品行政处罚文书制作与示例》等资料。

2．本使用手册应结合《天津市市场和质量监督管理若干规定》《天津市市场和质量监督管理行政处罚程序规定》及有关规定配套使用。

3．本使用手册采用每种文书对应相应使用说明、范例的体例编写。基本格式为：（1）文书应用范围；（2）填写说明；（3）需要注意的相关问题（非每个文种必备）；（4）范例（分别对应工商、质监、食药监案例编写，非每个文种三类案例都具备；范例中日期均为虚拟日期）。

4．本使用手册为概括性说明，请按照使用说明和范例的指导，结合实践填写文书的具体内容。

# 二、文书排版及有关事项说明

## 1. 文书排版要求

（1）除《封条》外的文书，统一使用A4幅面纸张（210mm×297mm）印制。文书上下页边距统一为2.47cm，左右页边距统一为2.7cm，文书内容复制到新建的文档中时，应首先按以上标准调整页边距。制作文书时应保持空白文书原有的页边距，正文应左右两端对齐。《封条》应按照其说明要求的具体尺寸印制。

（2）文书制作或打印前，必须在电脑中预先下载并安装好必要的字体以供使用，包括“方正小标宋_GBK”字体、“仿宋_GB 2312”字体、“Wingdings 2”字体等。如电脑未安装相应字体，必将导致所显示和打印出的文字字体无法按照规范的字体显示，被其他非规范字体和符号所代替，并且格式上也会产生严重混乱。

（3）本套文书的字体使用规则为：文书标题使用二号“方正小标宋_GBK”；文号使用三号“仿宋_GB 2312”；需送达的文书、报告类文书正文使用三号“仿宋_GB 2312”；笔录类文书记录内容使用四号“仿宋_GB 2312”；表格内文字使用小四号“仿宋_GB 2312”，尽量一页排完；页脚份数说明及页码使用四号“仿宋_GB 2312”；“☑”“☒”符号使用“Wingdings 2”字体的插入符号。

（4）由于不同种类文书的字体、字号、行距等有所不同，在不同种类文书间对相关内容进行复制粘贴时，一定要注意格式的不同，可以采取粘贴无格式文本、粘贴后再统一全文格式等方法保持字体、字号、行距等一致性。

（5）《行政处罚决定书》《不予/免予行政处罚决定书》《案件调查终结报告》《听证报告》四种文书正文行距一般应为固定值28磅，内容中应取消空白文书中的下划线。其他文书一般按照空白文书原有的行距制作，供填写文字的下划线一般应保留。

（6）落款与正文应当同处一页，当文书排版后所剩空白处不能容下落款及印章位置，或落款及印章单独占用一页时，应采取调整行距的措施加以解决，避免采取标识“此页无正文”的方法解决。

（7）文书内容超过1页的，可以续页，续页的页首无需再制作文书标题，仅需在页脚处标注“第×页 共×页”的页码即可（跨页的审批表页脚无需加页码）。落款需要加盖公章的多页文书，要在各页右侧按顺序一同加盖骑缝公章。

## 2. 文书编号规则

文书编号的形式为：津市场监管+机关代字+机构代字+文种代字+〔年份〕+顺序

号。如：津市场监管宝稽罚〔2018〕1号，“宝”代表执法机关是宝坻区市场和质量监督管理局，“稽”代表执法机构为宝坻区市场和质量监督稽查大队，“罚”代表文种为行政处罚决定书（文种代字已经预置在空白文书文号中），“〔2018〕”为年份，“1号”代表顺序号为1号。文书编号中的机构代字也可以省略。以市市场监管委名义办案的，省略机关代字。

注意文书编号中年份、序号用阿拉伯数码标识，年份应标全称，用六角括号“〔 〕”括入，序号不编虚位（即1不编为001）。

## 3. 当事人的写法

本套文书本身设有当事人项目的，一般按以下要求填写：

（1）当事人为法人或者依法设立的非法人组织的，“当事人姓名或者单位名称”填写营业执照或者登记文件上的名称，“主体资格证件名称及号码”填写营业执照或者主体登记文件名称及其号码（一般应填写加载统一社会信用代码的证照名称及统一社会信用代码，不写其生产经营等许可证件名称及注册号），“住所（经营场所）或者住址”填写营业执照或者登记文件登记的住所或场所，“法定代表人（负责人）”填写营业执照或者登记文件登记的法定代表人或负责人。

（2）当事人为有字号名称的个体工商户的，“当事人姓名或者单位名称”写为营业执照上登记字号名称，并用括号注明其业主姓名，“主体资格证件名称及号码”填写营业执照及其代码，“住所（经营场所）或者住址”填写营业执照登记的经营场所，“法定代表人（负责人）”填写个体工商户业主姓名。

（3）当事人为无字号名称的个体工商户的，“当事人姓名或者单位名称”写为个体工商户业主姓名，“主体资格证件名称及号码”填写营业执照及其代码，“住所（经营场所）或者住址”填写营业执照登记的经营场所，“法定代表人（负责人）”一项为空项（划斜杠线）。

（4）当事人为未办理营业执照的公民的，“当事人姓名或者单位名称”写为公民姓名，“主体资格证件名称及号码”填写身份证及其号码，“住所（经营场所）或者住址”填写身份证上登记的住址，“法定代表人（负责人）”一项为空项（划斜杠线）。

各文书使用说明中对此写法不再赘述。

## 4. 项目填写要求

（1）文书标题中的“天津市市场和质量监督管理”，实际使用文书时不用作改动。

（2）文书栏目应当逐项填写，空项用斜杠线标识。

（3）有“□”的选项应根据需要进行勾选，对于不需要的选项在“□”内打“×”。使用电脑制作文书时应预先下载“Wingdings 2”字体，采取“插入–符号”的方法，选择“Wingdings 2”字体，找到“☑”或“☒”进行插入，替换掉原有“□”，插入的“☑”或“☒”的字号大小应与其后面选项内容的字号大小相一致。

（4）各文书标题及内容中固有的“住所（经营场所）”“你（单位）”“法定代表人（负责人）”及不带“□”的“（场所、设施、财物）”“（检验、检测、检定、鉴定）”一般应当保留全部内容，无需根据具体情况勾选或删除括号内或者括号外的内容。

（5）各文书标题及内容中“不予/免予行政处罚”“变更/暂停委托”“分期/延期缴纳罚款”“违反了/构成了”“的规定/所指的违法行为”及《取证单》中的“证据提供人/当事人或委托代理人/见证人”等用“/”隔开的两项或两项以上内容，必须根据具体情况仅保留其中一项，无关内容必须删除。

（6）文书落款日期用阿拉伯数字将年、月、日标全，但封条的落款日期用汉字。

（7）书写的文书应当按照规定的格式，用蓝黑色或者黑色的墨水笔或者签字笔填写，保证字迹清楚、文字规范、页面清洁。一式两份以上的文书，在书写内容时应当使用复写纸，第一联用于入卷归档。

（8）填写笔录时应从最上方格线之上开始记录。笔录或清单有空白的，应在空白顶格处注明“以下空白”。

（9）负责人审批意见应当手写，不宜打印，填写意见后应当签名，并注明日期。

## 5. 签字确认方式

（1）对于当事人、被检查人、被调查人、见证人、收件人等签名处，应由其本人签身份证上登记的姓名，签名字迹应当清晰可辨认，一般还应在签名处再按指纹。

（2）笔录文书有误需要修改的，应当在修改处由当事人或有关人员签名或按指纹。

# 三、行政处罚文书样式、使用说明和范例

## 1. 案件来源登记表

### 天津市市场和质量监督管理<br>案件来源登记表

<table>
<tr><td colspan="2">发现案源日期</td><td colspan="2">① 年 月 日</td></tr>
<tr><td rowspan="2">案源分类②</td><td>依职权发现</td><td>□监督检查</td><td>□监督抽验</td></tr>
<tr><td>其他途径发现</td><td>□投诉、举报<br>□其他机关移送<br>□上级机关交办<br>□其他</td><td>案源提供人姓名或者单位名称：</td></tr>
<tr><td>案源登记内容</td><td colspan="3">③<br><br>登记人：________<br>年 月 日</td></tr>
<tr><td>案源处理意见</td><td colspan="3">④<br><br>负责人：________<br>年 月 日</td></tr>
</table>

《案件来源登记表》是市场监管部门对处罚案件来源及有关基本情况进行登记的一种书面文书。

（1）文书应用范围

《天津市市场和质量监督管理行政处罚程序规定》第二十一条规定：市场监管部门根据监督检查职权，或者通过投诉、举报、其他机关移送、上级机关交办以及其他途径发现违法行为线索，应当自发现违法行为线索之日起七个工作日内予以核查，并决定是否立案；特殊情况下，可以延长至十五个工作日内决定是否立案。因此，市场监管部门应当对案件来源情况作出简明的书面登记，规范办案程序，完善办案制度。

（2）填写说明

①填入发现案源日期。填写行政机关根据监督检查职权，或者通过投诉、举报、其他机关移送、上级机关交办以及其他途径发现违法行为线索的日期。

②对于监督检查、监督抽验、投诉、举报、其他机关移送、上级机关交办、其他等项内容，登记人根据具体情况在“□”内进行勾选，对于不需要的选项在“□”内打“×”。“上级机关交办”、“其他机关移送”不包括机关内部各单位间的分拨交办。除本机关依职权发现外，其他途径发现的，要在右侧“案源提供人姓名或者单位名称”一栏中注明案源提供人姓名或者单位名称，如投诉举报的填写投诉举报人姓名或称呼，其他机关移送或上级交办的填写移送或交办机关名称。

③应简明记载案源基本情况，案源所反映的涉嫌违法行为人、行为发生的时间、地点等基本情况。如果有要求保密以及涉及材料可靠度等内容，应在此栏中反映。

④对于获得的案件线索，认为不需要核查的，指派两名工作人员办理后续事宜；对于需要核查的案件线索，指派两名工作人员进行核查。相关主管负责人应当签名。

（3）需要注意的相关问题

1）“发现案源日期”是用以计算立案期限的起点，应填写负责查办案件的市场监管机关最初发现案件线索的日期，而非承办该案的办案机构接到案件线索的日期。因此，“发现案源日期”不一定与案源登记人制作本文书的日期一致。

对于上级机关分拨的投诉、举报线索，“发现案源日期”应填写负责查办案件的市场监管部门接到上级机关分拨的投诉、举报的日期，而不是上级机关接到投诉、举报的日期。

2）市场监管部门根据监督检查职权，或者通过投诉、举报、其他机关移送、上级机关交办以及其他途径发现违法行为线索，应当自发现违法行为线索之日起七个工作日内予以核查，并决定是否立案；特殊情况下，可以延长至十五个工作日内决定是否立案。立案或者不予立案，应当由核查人员或者办案人员填写《立案审批表》或者《不予立案审批表》，提出立案或者不予立案建议，附相关材料按照程序报批。

3）对于案件来源的分类，来源为其他机关提出的行政执法建议、通报的案件线索等非全案移交的，也应列入“其他机关移送”一类中；来源为上级机关分拨的投诉、举报线索或其他机关移送的投诉、举报线索的，应列入“投诉、举报”一类中，并按照《天津市市场和质量监督管理行政处罚程序规定》的有关规定在规定期限内告知具名的投诉人、举报人处理结果。

# 天津市市场和质量监督管理<br>案件来源登记表

<table>
<tr><td colspan="2">发现案源日期</td><td colspan="2">2018 年 4 月 5 日</td></tr>
<tr><td rowspan="2">案源分类</td><td>依职权发现</td><td>☒ 监督检查</td><td>☒ 监督抽验</td></tr>
<tr><td>其他途径发现</td><td>☑ 投诉、举报<br>☒ 其他机关移送<br>☒ 上级机关交办<br>☒ 其他</td><td>案源提供人姓名或者单位名称：<br>江苏洋河酒厂股份有限公司</td></tr>
<tr><td>案源登记内容</td><td colspan="3">2018 年 4 月 5 日，本机关接到江苏洋河酒厂股份有限公司投诉，反映位于天津市 ×× 区 ×× 路 ×× 号的天津市 ×× 区 ×× 商店销售的“洋河海之蓝”“洋河天之蓝”、“洋河梦之蓝”等白酒侵犯了该公司的注册商标专用权，要求市场监管部门对其进行查处。<br><br>登记人：李 ××<br>2018 年 4 月 6 日</td></tr>
<tr><td>案源处理意见</td><td colspan="3">请李 ××、张 ×× 进行核查。<br><br>负责人：刘 ××<br>2018 年 4 月 7 日</td></tr>
</table>

# 天津市市场和质量监督管理
# 案件来源登记表

<table>
<tr><td colspan="2">发现案源日期</td><td colspan="2">2018 年 7 月 1 日</td></tr>
<tr><td rowspan="2">案源分类</td><td>依职权发现</td><td>☒ 监督检查</td><td>☒ 监督抽验</td></tr>
<tr><td>其他途径发现</td><td>☑ 投诉、举报<br>☒ 其他机关移送<br>☒ 上级机关交办<br>☒ 其他</td><td>案源提供人姓名或者单位名称：<br>张先生</td></tr>
<tr><td>案源登记内容</td><td colspan="3">举报人反映：在天津市 ×× 区 ×× 路 ×× 号 ×× 的天津 AA 化肥有限公司制售不合格肥料，望及时核查处理。<br>登记人：吴 ××<br>2018 年 7 月 1 日</td></tr>
<tr><td>案源处理意见</td><td colspan="3">请刘 ××、陈 ×× 进行核查。<br>负责人：罗 ××<br>2018 年 7 月 1 日</td></tr>
</table>

# 天津市市场和质量监督管理
# 案件来源登记表

<table>
<tr><td colspan="2">发现案源日期</td><td colspan="2">2018 年 4 月 12 日</td></tr>
<tr><td rowspan="2">案源分类</td><td>依职权发现</td><td>☒ 监督检查</td><td>☒ 监督抽验</td></tr>
<tr><td>其他途径发现</td><td>☑ 投诉、举报<br>☒ 其他机关移送<br>☒ 上级机关交办<br>☒ 其他</td><td>案源提供人姓名或者单位名称：<br>李 ××</td></tr>
<tr><td>案源登记内容</td><td colspan="3">举报人来信反映，×× 区 ×× 镇 ×× 村的李某在该村无证生产二类医疗器械手动轮椅车，举报人随信寄来李某生产的手动轮椅车产品照片及购买票据。<br><br>登记人：张 ××<br>2018 年 4 月 12 日</td></tr>
<tr><td>案源处理意见</td><td colspan="3">请王 ××、张 ×× 进行核查。<br><br>负责人：陈 ××<br>2018 年 4 月 12 日</td></tr>
</table>

## 2. 立案审批表

# 天津市市场和质量监督管理
# 立 案 审 批 表

津市场监管__立〔____〕__号

<table>
<tr><td rowspan="4">①<br>当<br>事<br>人</td><td>姓名或者<br>单位名称</td><td colspan="2"></td></tr>
<tr><td>主体资格证件<br>名称及号码</td><td colspan="2"></td></tr>
<tr><td>住所（经营场所）<br>或者住址</td><td colspan="2"></td></tr>
<tr><td>联系电话</td><td colspan="2"></td></tr>
<tr><td colspan="2">发现案源<br>日期</td><td colspan="2">② 年 月 日</td></tr>
<tr><td colspan="2">核查情况<br>及立案<br>理由</td><td colspan="2">③<br><br>执法人员：__________<br>年 月 日</td></tr>
<tr><td colspan="2">执法机构<br>负责人<br>意见</td><td colspan="2">建议本案由__________④__________承办。<br><br>执法机构负责人：__________<br>年 月 日</td></tr>
<tr><td colspan="2">行政机关<br>负责人<br>意见</td><td colspan="2">⑤<br><br>行政机关负责人：__________<br>年 月 日</td></tr>
</table>

《立案审批表》是市场监管部门对于符合立案条件的案件，在拟作出立案决定时，由相关执法机构提请机关负责人审批的内部文书。

（1）文书应用范围

对根据监督检查职权，或者通过投诉、举报、其他机关移送、上级机关交办以及其他途径发现的违法行为线索，经核查，决定立案的，应当填写《立案审批表》，报市场监管部门负责人批准。

依据《天津市市场和质量监督管理行政处罚程序规定》第二十三条：符合立案条件的，应当填写《立案审批表》，由市场监管部门负责人批准，办案机构指定两名以上办案人员负责调查处理。

（2）填写说明

①按照初步核实清楚的当事人信息填写，以确定案件管辖权和当事人承担行政法律责任的资格。

②按照《案件来源登记表》填写，用以确定是否立案期限的起算点。

③应填写初步核查情况以及立案的建议，并说明理由，写明当事人行为涉嫌违反的法律条款。执法人员一般指《案件来源登记表》中负责人所指派的办理人员或者核查人员。特殊情况下，延长至十五个工作日内决定是否立案的，应在此注明具体情况。

④执法机构负责人填写承办人员并签名。

⑤由行政机关负责人签署意见。应当注意要符合《天津市市场和质量监督管理行政处罚程序规定》第二十一条规定的时限要求。

# 天津市市场和质量监督管理
# 立 案 审 批 表

津市场监管 × 立〔2018〕21 号

<table>
<tr><td rowspan="4">当事人</td><td>姓名或者单位名称</td><td colspan="2">天津市 ×× 区 ×× 商店（赵 ××）</td></tr>
<tr><td>主体资格证件名称及号码</td><td colspan="2">营业执照 ××××××××××××××××××</td></tr>
<tr><td>住所（经营场所）或者住址</td><td colspan="2">天津市 ×× 区 ×× 路 ×× 号</td></tr>
<tr><td>联系电话</td><td colspan="2">×××××××××××</td></tr>
<tr><td colspan="2">发现案源日期</td><td colspan="2">2018 年 4 月 5 日</td></tr>
<tr><td colspan="2">核查情况及立案理由</td><td colspan="2">根据投诉，执法人员于 4 月 6 日对天津市 ×× 区 ×× 商店进行检查。经核查，该店待售的商品中的“洋河海之蓝”9瓶、“洋河天之蓝”1瓶、“洋河梦之蓝”2瓶，经商标权利人江苏洋河酒厂股份有限公司鉴别为侵权商品。<br>当事人的行为涉嫌构成了《中华人民共和国商标法》第五十七条第三项所指的违法行为，建议立案调查。<br>执法人员：李 ××、张 ××<br>2018 年 4 月 6 日</td></tr>
<tr><td colspan="2">执法机构负责人意见</td><td colspan="2">建议本案由 李 ××、张 ×× 承办。<br>执法机构负责人：刘 ××<br>2018 年 4 月 6 日</td></tr>
<tr><td colspan="2">行政机关负责人意见</td><td colspan="2">同意。<br>行政机关负责人：陈 ××<br>2018 年 4 月 6 日</td></tr>
</table>

# 天津市市场和质量监督管理
# 立案审批表

津市场监管 × 立〔2018〕18 号

<table>
<tr><td rowspan="4">当事人</td><td>姓名或者单位名称</td><td>天津 AA 化肥有限公司</td></tr>
<tr><td>主体资格证件名称及号码</td><td>营业执照 1201000006××××</td></tr>
<tr><td>住所（经营场所）或者住址</td><td>天津市 ×× 区 ×× 路 ×× 号</td></tr>
<tr><td>联系电话</td><td>×××××××××</td></tr>
<tr><td colspan="2">发现案源日期</td><td>2018 年 7 月 1 日</td></tr>
<tr><td colspan="2">核查情况及立案理由</td><td>根据举报，执法人员于 2018 年 7 月 2 日对天津 AA 化肥有限公司生产车间及成品库进行检查，现场由 ×× 质检站的检验人员对该单位成品库待销的 2018 年 6 月 25 日生产的规格为 50kg/ 袋的成品复合肥料依法进行了抽样。经检验，水分指标不符合 GB15063—2009《复混肥料（复合肥料）》的规定，被判定为不合格产品。<br>当事人的行为涉嫌违反了《中华人民共和国产品质量法》第三十二条的规定，建议立案调查。<br><br>执法人员：刘 ×、陈 ××<br>2018 年 7 月 8 日</td></tr>
<tr><td colspan="2">执法机构负责人意见</td><td>建议本案由刘 ×、陈 ×× 承办。<br><br>执法机构负责人：张 ××<br>2018 年 7 月 8 日</td></tr>
<tr><td colspan="2">行政机关负责人意见</td><td>同意。<br><br>行政机关负责人：罗 ××<br>2018 年 7 月 8 日</td></tr>
</table>

# 天津市市场和质量监督管理
# 立 案 审 批 表

津市场监管 × 立〔2018〕9 号

<table>
<tr><td rowspan="4">当事人</td><td>姓名或者单位名称</td><td>李 ××</td></tr>
<tr><td>主体资格证件名称及号码</td><td>身份证 120××××××××××××××××</td></tr>
<tr><td>住所（经营场所）或者住址</td><td>天津市 ×× 区 ×× 镇 ×× 村</td></tr>
<tr><td>联系电话</td><td>××××××××</td></tr>
<tr><td colspan="2">发现案源日期</td><td>2018 年 4 月 12 日</td></tr>
<tr><td colspan="2">核查情况及立案理由</td><td>根据举报，执法人员于 2018 年 4 月 13 日到位于 ×× 区 ×× 镇 ×× 村的被举报现场进行检查。经核查，李某自 2017 年 7 月开始，租用 ** 厂房，组织生产手动轮椅车。执法人员在该厂的库房发现手动轮椅车 500 台，销售账目 1 册及票据 500 张。手动轮椅车作为二类医疗器械管理，当事人李 ×× 未能提供《医疗器械生产企业许可证》《医疗器械注册证》。<br>当事人的行为涉嫌违反了《医疗器械监督管理条例》第二十二条第一款的规定，建议立案调查。<br>执法人员：王 ××、张 ××<br>2018 年 4 月 13 日</td></tr>
<tr><td colspan="2">执法机构负责人意见</td><td>建议本案由 王 ××、张 ×× 承办。<br>执法机构负责人：陈 ××<br>2018 年 4 月 13 日</td></tr>
<tr><td colspan="2">行政机关负责人意见</td><td>同意。<br>行政机关负责人：马 ××<br>2018 年 4 月 13 日</td></tr>
</table>

## 3. 不予立案审批表

# 天津市市场和质量监督管理
# 不予立案审批表

津市场监管__不立〔____〕__号

<table>
<tr><td rowspan="4">①<br>当<br>事<br>人</td><td>姓名或者<br>单位名称</td><td colspan="2"></td></tr>
<tr><td>主体资格证件<br>名称及号码</td><td colspan="2"></td></tr>
<tr><td>住所（经营场所）<br>或者住址</td><td colspan="2"></td></tr>
<tr><td>联系电话</td><td colspan="2"></td></tr>
<tr><td colspan="2">发现案源<br>日期</td><td colspan="2">②　　年　月　日</td></tr>
<tr><td colspan="2">核查情况<br>及不予立案<br>理由</td><td colspan="2">③<br><br>执法人员：__________<br>年　月　日</td></tr>
<tr><td colspan="2">执法机构<br>负责人<br>意见</td><td colspan="2">④<br><br>执法机构负责人：__________<br>年　月　日</td></tr>
<tr><td colspan="2">行政机关<br>负责人<br>意见</td><td colspan="2">⑤<br><br>行政机关负责人：__________<br>年　月　日</td></tr>
</table>

《不予立案审批表》是市场监管部门对于不符合立案条件的案件，在拟作出不予立案决定时，由相关执法机构提请机关负责人审批的内部文书。

（1）文书应用范围

对根据监督检查职权，或者通过投诉、举报、其他机关移送、上级机关交办以及其他途径发现的违法行为线索，经核查，决定不予立案的，应当填写《不予立案审批表》，报市场监管部门负责人批准。

依据《天津市市场和质量监督管理行政处罚程序规定》第二十一条：市场监管部门根据监督检查职权，或者通过投诉、举报、其他机关移送、上级机关交办以及其他途径发现违法行为线索，应当自发现违法行为线索之日起七个工作日内予以核查，并决定是否立案；特殊情况下，可以延长至十五个工作日内决定是否立案；第二十四条：对投诉、举报涉及的违法行为线索不予立案的，办案机构应当自市场监管部门负责人批准不予立案之日起十个工作日内，将结果告知具名的投诉人、举报人，并说明不予立案的理由。不予立案及告知的相关情况应当作书面记录留存。

（2）填写说明

①按照初步核实清楚的当事人信息填写，以确定案件管辖权和当事人承担行政法律责任的资格。

②按照《案件来源登记表》填写，用以确定是否立案期限的起算点。

③应填写初步核查情况以及不予立案的建议，并说明理由。执法人员一般指《案件来源登记表》中负责人所指派的办理人员或者核查人员。特殊情况下，延长至十五个工作日内决定是否立案的，应在此注明具体情况。

④由执法机构负责人签署意见。

⑤由行政机关负责人签署意见。应当注意要符合《天津市市场和质量监督管理行政处罚程序规定》第二十一条规定的时限要求。

# 天津市市场和质量监督管理<br>不予立案审批表

津市场监管 × 不立〔2018〕2 号

<table>
<tr><td rowspan="4">当事人</td><td>姓名或者单位名称</td><td colspan="2">天津市 ×× 区 ×× 商店（赵 ××）</td></tr>
<tr><td>主体资格证件名称及号码</td><td colspan="2">营业执照 ××××××××××××××××××</td></tr>
<tr><td>住所（经营场所）或者住址</td><td colspan="2">天津市 ×× 区 ×× 路 ×× 号</td></tr>
<tr><td>联系电话</td><td colspan="2">×××××××××××</td></tr>
<tr><td colspan="2">发现案源日期</td><td colspan="2">2018 年 4 月 5 日</td></tr>
<tr><td colspan="2">核查情况及不予立案理由</td><td colspan="2">根据投诉，执法人员于 4 月 6 日对天津市 ×× 区 ×× 商店进行检查。经核查，该店待售的商品中的“洋河海之蓝”9 瓶、“洋河天之蓝”1 瓶、“洋河梦之蓝”2 瓶，经商标权利人江苏洋河酒厂股份有限公司鉴别为该公司生产的产品。<br>经核查，无违法事实，不符合《天津市市场和质量监督管理行政处罚程序规定》第二十二条第二项规定的立案条件，建议不予立案。<br>执法人员：李 ××、张 ××<br>2018 年 4 月 6 日</td></tr>
<tr><td colspan="2">执法机构负责人意见</td><td colspan="2">同意。<br>执法机构负责人：刘 ××<br>2018 年 4 月 6 日</td></tr>
<tr><td colspan="2">行政机关负责人意见</td><td colspan="2">同意。<br>行政机关负责人：陈 ××<br>2017 年 4 月 6 日</td></tr>
</table>

# 天津市市场和质量监督管理<br>不予立案审批表

津市场监管 × 不立〔2018〕3 号

<table>
<tr><td rowspan="4">当事人</td><td>姓名或者单位名称</td><td>天津 AA 化肥有限公司</td></tr>
<tr><td>主体资格证件名称及号码</td><td>营业执照 1201000006××××</td></tr>
<tr><td>住所（经营场所）或者住址</td><td>天津市 ×× 区 ×× 路 ×× 号</td></tr>
<tr><td>联系电话</td><td>×××××××××</td></tr>
<tr><td colspan="2">发现案源日期</td><td>2018 年 7 月 1 日</td></tr>
<tr><td colspan="2">核查情况及不予立案理由</td><td>根据举报，执法人员于 2018 年 7 月 2 日对位于天津市 ×× 区 ×× 路 ×× 号的天津 AA 化肥有限公司生产车间及成品库进行检查，现场由 ×× 质检站的检验人员对该单位成品库待销的 2018 年 6 月 25 日生产的规格为 50kg/ 袋的成品复合肥料依法进行了抽样。经检验，被判定为合格产品。<br>经核查，无违法事实，不符合《天津市市场和质量监督管理行政处罚程序规定》第二十二条第二项规定的立案条件，建议不予立案。<br>执法人员：刘 ×、陈 ××<br>2018 年 7 月 8 日</td></tr>
<tr><td colspan="2">执法机构负责人意见</td><td>同意。<br>执法机构负责人：张 ××<br>2018 年 7 月 8 日</td></tr>
<tr><td colspan="2">行政机关负责人意见</td><td>同意。<br>行政机关负责人：罗 ××<br>2018 年 7 月 8 日</td></tr>
</table>

# 天津市市场和质量监督管理
# 不予立案审批表

津市场监管 × 不立〔2018〕9 号

<table>
<tr><td rowspan="4">当事人</td><td>姓名或者单位名称</td><td>×× 医院</td></tr>
<tr><td>主体资格证件名称及号码</td><td>事业单位法人证书 ××××××××××××××××××××</td></tr>
<tr><td>住所（经营场所）或者住址</td><td>×× 市 ×× 区 ×× 路 ×× 号</td></tr>
<tr><td>联系电话</td><td>××××××××</td></tr>
<tr><td colspan="2">发现案源日期</td><td>2018 年 4 月 12 日</td></tr>
<tr><td colspan="2">核查情况及不予立案理由</td><td>根据举报，执法人员于4月13日对 ×× 医院药房及仓库进行检查。经查，现场未发现超过保质期的药品西咪替丁，该医院购进及使用记录中未发现有使用超过保质期的药品西咪替丁的情况。<br>经核查，无违法事实，不符合《天津市市场和质量监督管理行政处罚程序规定》第二十二条第二项规定的立案条件，建议不予立案。<br>执法人员：王 ××、张 ××<br>2018 年 4 月 13 日</td></tr>
<tr><td colspan="2">执法机构负责人意见</td><td>同意。<br>执法机构负责人：陈 ××<br>2018 年 4 月 13 日</td></tr>
<tr><td colspan="2">行政机关负责人意见</td><td>同意。<br>行政机关负责人：马 ××<br>2018 年 4 月 13 日</td></tr>
</table>

## 4. 行政执法有关事项审批表

# 天津市市场和质量监督管理<br>行政执法有关事项审批表

| 案件名称或事由 | ① |
| --- | --- |
| 审批事项 | ② |
| 提请审批的理由、依据及拟处理意见 | ③<br><br>执法人员：__________<br>年　月　日 |
| 执法机构负责人意见 | ④<br><br>执法机构负责人：__________<br>年　月　日 |
| 行政机关负责人意见 | ⑤<br><br>行政机关负责人：__________<br>年　月　日 |

《行政执法有关事项审批表》是市场监管部门在行政执法过程中，对于需要经过机关负责人批准的事项，提请机关负责人审批的内部文书。

（1）文书应用范围

以下事项需要使用《行政执法有关事项审批表》进行审批：

1）采取、解除先行登记保存证据措施。

2）采取、解除行政强制措施，延长行政强制措施期限。

3）先行处理物品、没收物品处理。

4）执法人员回避。

5）中止、终止调查。

6）销案、不予或免予行政处罚。

7）案件移送其他行政机关，涉嫌犯罪移送司法机关。

8）向其他机关发出行政执法建议。

9）首次延长办案期限。

10）延期或分期缴纳罚款。

11）中止、终止行政处罚决定的执行。

12）申请法院强制执行。

13）需要机关负责人审批，无专用审批文书的其他情形。

立案、不予立案、处罚决定、结案等有专用审批文书的，不适用本文书。

（2）填写说明

①立案后的填写案件名称，未立案的填写当事人及事由。

②填写需要报请批准的事项。

③写明报批理由、依据及拟处理意见。

④由部门负责人写明报批部门意见，并签名。

⑤由行政机关主要负责人签署最后意见。

（3）需要注意的相关问题

1）向当事人发出《行政处罚事先告知书》、经首次延期后再次延长办案期限的审批，以相关《案件审理记录》中的审理意见为准，无需填写《行政执法有关事项审批表》。

2）虽然终止调查、销案、不予或免予行政处罚、移送其他行政机关、涉嫌犯罪移送司法机关等情形也经过案件集体审理，但由于属于对当事人最终的处理决定，需要填写《行政执法有关事项审批表》由机关负责人批准。

# 天津市市场和质量监督管理<br>行政执法有关事项审批表

| 案件名称或事由 | 天津市××区××商店（赵××）涉嫌销售侵犯注册商标专用权的白酒案 |
| --- | --- |
| 审批事项 | 延长行政强制措施期限 |
| 提请审批的理由、依据及拟处理意见 | 因当事人涉嫌销售侵犯注册商标专用权的白酒，本机关依据《中华人民共和国商标法》第六十二条第一款第四项对当事人销售的涉嫌侵权的白酒采取行政强制措施。因当事人申请听证，依据《中华人民共和国行政强制法》第二十五条的规定，拟延长行政强制措施期限30日。<br><br>执法人员：李××、张××<br>2018年5月4日 |
| 执法机构负责人意见 | 同意。<br><br>执法机构负责人：刘××<br>2018年5月4日 |
| 行政机关负责人意见 | 同意。<br><br>行政机关负责人：陈××<br>2018年5月4日 |

# 天津市市场和质量监督管理
# 行政执法有关事项审批表

<table>
<tr><td>案件名称<br>或事由</td><td>天津AA化肥有限公司涉嫌以不合格产品冒充合格产品的复合肥料案</td></tr>
<tr><td>审批事项</td><td>实施行政强制措施</td></tr>
<tr><td>提请审批的理由、依据及拟处理意见</td><td>天津AA化肥有限公司2018年6月25日生产的规格为50kg/袋的600袋双效肥（复合肥料）（共30吨）未进行出厂检验，就在产品成品包装上印有合格标志出厂销售，经××质检站检验，水分指标不符合GB15063—2009《复混肥料（复合肥料）》的规定，被判定为不合格产品。<br>当事人的行为涉嫌违反了《中华人民共和国产品质量法》第三十二条的规定，依据《中华人民共和国产品质量法》第十八条第一款第四项的规定，拟对该公司2018年6月25日生产的规格为50kg/袋的600袋双效肥（复合肥料）（共30吨）予以查封。<br>执法人员：刘×、陈××<br>2018年7月8日</td></tr>
<tr><td>执法机构负责人意见</td><td>同意。<br>执法机构负责人：张××<br>2018年7月8日</td></tr>
<tr><td>行政机关负责人意见</td><td>同意。<br>行政机关负责人：罗××<br>2018年7月8日</td></tr>
</table>

# 天津市市场和质量监督管理
# 行政执法有关事项审批表

| 案件名称或事由 | ×× 百货公司涉嫌未取得《药品经营许可证》经营药品案 |
|---|---|
| 审批事项 | 实施行政强制措施 |
| 提请审批的理由、依据及拟处理意见 | 2018 年 7 月 16 日，经执法人员现场检查，发现 ×× 百货公司涉嫌未取得《药品经营许可证》经营药品。<br>当事人的行为涉嫌违反了《中华人民共和国药品管理法》第十四条第一款规定，依据《中华人民共和国药品管理法》第六十四条第二款的规定，拟对其经营的药品予以扣押。<br>执法人员：张 ××、王 ××<br>2018 年 7 月 16 日 |
| 执法机构负责人意见 | 同意。<br>执法机构负责人：陈 ××<br>2018 年 7 月 16 日 |
| 行政机关负责人意见 | 同意。<br>行政机关负责人：马 ××<br>2018 年 7 月 16 日 |

## 5. 案件初审表

# 天津市市场和质量监督管理
# 案 件 初 审 表

| 案件名称 | ① |
| --- | --- |
| 送审日期 | ②　　年　月　日 |

| 初审内容 | 具体意见 |
| --- | --- |
| 是否具有管辖权 | ③ |
| 当事人的基本情况是否清楚 | |
| 案件事实是否清楚，证据是否充分 | |
| 定性是否准确 | |
| 适用依据是否正确 | |
| 处理建议是否适当 | |
| 程序是否合法 | |
| 文书是否规范 | |
| 是否涉嫌犯罪需要移送司法机关 | |
| 初审意见：<br>④<br><br>负责人：＿＿＿＿＿＿<br>年　月　日 | |

本文书一式两份。一份由初审机构（人员）留存，一份连同案卷材料退回入卷归档。

《案件初审表》是依据《天津市市场和质量监督管理行政处罚程序规定》第五十五条、第五十六条的规定，由法制（执法监督）机构对案件承办机构提交的案件材料进行初审时使用的执法文书。

（1）文书应用范围

所有立案案件，经调查终结后交由法制（执法监督）机构初审的，均应制作此文书。

（2）填写说明

①案件名称：写明当事人全称+涉嫌违法行为+案。

②送审日期为承办机构将案件报送初审机构初审的日期。退卷后重新报送的，应填写重新报送的日期。

③写明对案件管辖、违法主体、办案程序、违法事实及证据、法律依据、处理建议、处罚裁量、涉嫌犯罪移送等八个方面内容的初审情况，以及对案件需补充调查或案件材料需补正的建议。初审机构需五个工作日内完成对案件的初审工作。

④填写案件初审总体意见和建议。写明对初审内容，特别是初审机构提出的案件需补充调查或案件材料需补正的意见。写明是否同意报请案审委集体审议及理由，由初审机构负责人签名。

（3）需要注意的相关问题

1）法制（执法监督）机构的初审在案件调查终结后方可进行。办案机构在案件调查过程中遇到案件定性、法条理解等涉及业务知识的问题需要请示、咨询的，应向各业务主管机构提出，各业务主管机构应及时予以回复。

2）遇案件多次退回承办机构补充调查或补正等情况，该文书可以多次使用。

# 天津市市场和质量监督管理
# 案 件 初 审 表

| 案件名称 | 天津市 ×× 区 ×× 商店（赵 ××）涉嫌销售侵犯注册商标专用权的白酒案 |
|---|---|
| 送审日期 | 2018 年 4 月 20 日 |

| 初审内容 | 具体意见 |
|---|---|
| 是否具有管辖权 | 具有管辖权 |
| 当事人的基本情况是否清楚 | 当事人的基本情况清楚 |
| 案件事实是否清楚，证据是否充分 | 案件事实清楚，证据充分 |
| 定性是否准确 | 定性准确 |
| 适用依据是否正确 | 适用依据正确 |
| 处理建议是否适当 | 处理建议适当 |
| 程序是否合法 | 程序合法 |
| 文书是否规范 | 文书规范 |
| 是否涉嫌犯罪需要移送司法机关 | 不涉嫌犯罪 |

初审意见：

同意执法机构意见，建议报案件审理委员会集体审理。

负责人：张 ××

2018 年 4 月 23 日

本文书一式两份。一份由初审机构（人员）留存，一份连同案卷材料退回入卷归档。

# 天津市市场和质量监督管理
# 案 件 初 审 表

<table>
<tr><td>案件名称</td><td colspan="2">天津 AA 化肥有限公司涉嫌以不合格产品冒充合格产品的复合肥料案</td></tr>
<tr><td>送审日期</td><td colspan="2">2018 年 7 月 27 日</td></tr>
<tr><td colspan="2">初审内容</td><td>具体意见</td></tr>
<tr><td colspan="2">是否具有管辖权</td><td>具有管辖权</td></tr>
<tr><td colspan="2">当事人的基本情况是否清楚</td><td>当事人的基本情况清楚</td></tr>
<tr><td colspan="2">案件事实是否清楚，证据是否充分</td><td>案件事实清楚，证据充分</td></tr>
<tr><td colspan="2">定性是否准确</td><td>定性准确</td></tr>
<tr><td colspan="2">适用依据是否正确</td><td>适用依据正确</td></tr>
<tr><td colspan="2">处理建议是否适当</td><td>处理建议适当</td></tr>
<tr><td colspan="2">程序是否合法</td><td>程序合法</td></tr>
<tr><td colspan="2">文书是否规范</td><td>文书规范</td></tr>
<tr><td colspan="2">是否涉嫌犯罪需要移送司法机关</td><td>不涉嫌犯罪</td></tr>
<tr><td colspan="3">初审意见：<br><br>同意执法机构意见，建议报案件审理委员会集体审理。<br><br>负责人：郝 ×<br>2018 年 7 月 30 日</td></tr>
</table>

本文书一式两份。一份由初审机构（人员）留存，一份连同案卷材料退回入卷归档。

# 天津市市场和质量监督管理
# 案 件 初 审 表

| 案件名称 | ×× 药业有限公司涉嫌销售劣药护肝丸案 |
|---|---|
| 送审日期 | 2018 年 5 月 6 日 |

| 初审内容 | 具体意见 |
|---|---|
| 是否具有管辖权 | 具有管辖权 |
| 当事人的基本情况是否清楚 | 当事人的基本情况清楚 |
| 案件事实是否清楚，证据是否充分 | 案件事实清楚，证据充分 |
| 定性是否准确 | 定性准确 |
| 适用依据是否正确 | 适用依据正确 |
| 处理建议是否适当 | 处理建议适当 |
| 程序是否合法 | 程序合法 |
| 文书是否规范 | 文书规范 |
| 是否涉嫌犯罪需要移送司法机关 | 不涉嫌犯罪 |

初审意见：

同意执法机构意见，建议报案件审理委员会集体审理。

负责人：赵 ××

2018 年 5 月 10 日

本文书一式两份。一份由初审机构（人员）留存，一份连同案卷材料退回入卷归档。

## 6. 行政处罚决定审批表

# 天津市市场和质量监督管理<br>行政处罚决定审批表

| 案件名称 | ① |
|---|---|
| 当事人涉嫌违法的主要事实 | ② |
| 对当事人陈述、申辩或者听证意见的采纳情况及理由 | ③ |
| 从轻、减轻、从重处罚的理由 | ④ |
| 拟作出行政处罚的依据和内容 | ⑤<br><br>执法机构负责人：________<br>年　月　日 |
| 行政机关负责人意见 | ⑥<br><br>行政机关负责人：________<br>年　月　日 |

《行政处罚决定审批表》是办案机构提请市场监管部门负责人对于案件最终行政处罚决定进行审批时所使用的内部文书。

（1）文书应用范围

在最终的行政处罚决定作出前，市场监管部门要告知当事人拟作出行政处罚的事实、理由、依据、处罚内容和陈述、申辩权及依法享有的听证权。陈述、申辩、申请听证的期限届满，当事人没有进行陈述、申辩、申请听证，或者在行政机关听取了当事人的陈述、申辩、听证意见后，办案机构要将相关材料一并报机关负责人进行审批。《行政处罚决定审批表》是在报机关负责人审批时所使用的内部审批性文书。

（2）填写说明

①中填写案件名称，一般由“当事人姓名或者名称+涉嫌违法行为性质+案”组成。

②中填入最终认定的当事人涉嫌违法的主要事实。要包括违法时间、违法行为、涉案物品数量、货值金额等内容。案件查办过程无需详细叙述。

③中填入对当事人陈述、申辩或者听证意见的采纳情况及理由。没有进行陈述申辩或者没有举行听证的，注明当事人未提出陈述申辩、未申请举行听证。

④从轻、减轻、从重处罚的案件，在此处填写相应的裁量理由及依据。其他非从轻、减轻、从重处罚的案件填写“无”。

⑤填入办案机构最终拟作出行政处罚的理由、依据及内容。

⑥填入行政机关负责人的审批意见。

# 天津市市场和质量监督管理
# 行政处罚决定审批表

| 案件名称 | 天津市××区××商店（赵××）涉嫌销售侵犯注册商标专用权的白酒案 |
|---|---|
| 当事人涉嫌违法的主要事实 | 2017年12月1日，当事人从一名推销员（具体情况未知）手中购进“洋河海之蓝”等4种型号白酒12瓶，在店内销售。进货时未索要票据，不能说明商品的合法来源及提供者，也无法联系到当时的供货人。经商标权利人江苏洋河酒厂股份有限公司鉴别，以上白酒非该公司生产，属侵权商品。上述行为满足侵犯注册商标专用权行为的构成要件。本案违法经营额1910元，未售出，无违法所得。 |
| 对当事人陈述、申辩或者听证意见的采纳情况及理由 | 当事人在听证会上提出，当事人购进白酒时不知道该商品为侵权商品，应当责令改正并免予处罚。经复核，当事人进货时未索要票据，不能说明商品的合法来源及提供者，不符合免予处罚的情形，因此不予采纳。 |
| 从轻、减轻、从重处罚的理由 | 无。 |
| 拟作出行政处罚的依据和内容 | 当事人的行为构成了《中华人民共和国商标法》第五十七条第三项所指的违法行为，依据《中华人民共和国商标法》第六十条第二款的规定，责令当事人立即停止侵权行为，并对当事人给予以下行政处罚：1.没收侵权的“洋河海之蓝”等4种型号白酒12瓶；2.罚款12.5万元。<br>执法机构负责人：刘××<br>2018年5月10日 |
| 行政机关负责人意见 | 同意。<br>行政机关负责人：陈××<br>2018年5月10日 |

# 天津市市场和质量监督管理
# 行政处罚决定审批表

| 案件名称 | 天津 AA 化肥有限公司涉嫌以不合格产品冒充合格产品的复合肥料案 |
| --- | --- |
| 当事人涉嫌违法的主要事实 | 当事人 2018 年 6 月 25 日生产的规格为 50kg/ 袋的 600 袋双效肥（复合肥料）（共 30 吨），经 ×× 质检站抽样检验，水分指标不符合 GB15063—2009《复混肥料（复合肥料）》的规定，被判定为不合格产品。当事人对检验结果无异议，在复检期内未提出复检申请。当事人未进行出厂检验，就在产品成品包装上印有合格标志，放任了该批次不合格产品的发生。上述行为满足以不合格冒充合格产品行为的构成要件。本案货值金额 42000 元，未售出，无违法所得。 |
| 对当事人陈述、申辩或者听证意见的采纳情况及理由 | 当事人在听证会上提出，当事人从本意上从未有恶意欺诈和故意隐瞒不合格的意愿，不符合以不合格产品冒充合格产品的必要条件，故适用法律错误。经复核，当事人未进行出厂检验，就在产品成品包装上印有合格标志，放任了该批次不合格产品的发生，满足以不合格冒充合格产品行为的构成要件，因此不予采纳。 |
| 从轻、减轻、从重处罚的理由 | 当事人生产的违法产品尚未销售，未造成危害后果，应依据《中华人民共和国行政处罚法》第二十七条第一款第四项和《天津市市场和质量监督管理委员会行政处罚裁量细则（试行）》第二条第一项的规定予以从轻处罚。 |
| 拟作出行政处罚的依据和内容 | 当事人上述行为违反了《中华人民共和国产品质量法》第三十二条的规定，依据《中华人民共和国产品质量法》第五十条的规定，责令当事人停止生产以不合格产品冒充合格产品的复合肥料行为，并给予以下行政处罚：1. 没收违法生产的 30 吨双效肥（复合肥料）；2. 处违法生产产品货值金额 50% 的罚款 21000 元。<br><br>执法机构负责人：张 ××<br>2018 年 8 月 15 日 |
| 行政机关负责人意见 | 同意。<br><br>行政机关负责人：罗 ××<br>2018 年 8 月 15 日 |

# 天津市市场和质量监督管理
# 行政处罚决定审批表

| 案件名称 | ××药业有限公司涉嫌从无《药品生产许可证》、《药品经营许可证》的企业购进药品案 |
|---|---|
| 当事人涉嫌违法的主要事实 | 当事人经营的感愈胶囊等3种药品无法提供购进药品的票据和供货单位资质证明，当事人承认×年×月×日购进该批药品时没有索取任何资质证明和购进票据，剩余药品110盒。上述行为满足从无《药品生产许可证》《药品经营许可证》的企业购进药品行为的构成要件。本案货值金额1450元，违法所得450元。 |
| 对当事人陈述、申辩或者听证意见的采纳情况及理由 | 当事人未提出陈述申辩意见。 |
| 从轻、减轻、从重处罚的理由 | 无。 |
| 拟作出行政处罚的依据和内容 | 当事人的行为违反了《中华人民共和国药品管理法》第三十四条的规定，依据《中华人民共和国药品管理法》第七十九条的规定，拟给予以下行政处罚：1.没收违法购进的感愈胶囊等3种药品110盒；2.没收违法所得450元；3.处违法购进药品货值金额3.5倍的罚款5075元。<br><br>执法机构负责人：陈××<br>2018年7月9日 |
| 行政机关负责人意见 | 同意。<br><br>行政机关负责人：马××<br>2018年7月9日 |

## 7. 结案审批表

# 天津市市场和质量监督管理
# 结 案 审 批 表

| 案件名称 | ① |
| --- | --- |
| 立案日期 | ②　　年　月　日 |
| 立 案 号 | 津市场监管__立〔____〕__号 |
| 行政处理决定内容及结案理由 | ③<br><br>执法人员：________<br>年　月　日 |
| 执法机构负责人意见 | ④<br><br>执法机构负责人：________<br>年　月　日 |
| 行政机关负责人意见 | 行政机关负责人：________<br>年　月　日 |

《结案审批表》是市场监管部门根据《天津市市场和质量监督管理行政处罚程序规定》第九十二条规定履行结案手续时使用的文书。

（1）文书应用范围

《天津市市场和质量监督管理行政处罚程序规定》第九十二条规定：办案人员应当自一般程序案件出现下列情形之日起十五个工作日内报经市场监管部门负责人批准后，予以结案：（一）行政处罚决定执行完毕或者人民法院终结强制执行程序的；（二）决定终止行政处罚决定执行的；（三）不予（免予）行政处罚的；（四）决定销案的；（五）决定终止调查的；（六）案件移送其他行政机关或者司法机关的。

以上情况应使用《结案审批表》。

（2）填写说明

①案件名称应写“当事人全称+违法行为+案（字）”，注意不应加“涉嫌”二字。

②立案日期、立案号依照《立案审批表》填写。

③结案理由，对于作出行政处罚的案件写当事人自觉履行行政处罚决定、经人民法院强制执行完毕、人民法院终结强制执行程序、因何种原因终止行政处罚决定执行等理由；对于不予（免予）行政处罚的，写已将不予（免予）行政处罚决定书送达当事人；对于案件移送其他行政机关或者司法机关的，写案件已移送至某某机关；对于销案的、终止调查的，则写已决定销案或终止调查。最后由执法人员签署姓名及日期。

④分别由执法机构和行政机关负责人签署意见并签署姓名及日期。

（3）需要注意的相关问题

1）一般程序案件需要制作《结案审批表》，经批准后方可结案。简易程序案件无需此文书。

2）办案人员应当自结案之日起30日将案件办理过程中形成的材料按照档案管理的有关规定立卷。

# 天津市市场和质量监督管理
# 结 案 审 批 表

<table>
<tr><td>案件名称</td><td>天津市 ×× 区 ×× 商店（赵 ××）销售侵犯注册商标专用权的白酒案</td></tr>
<tr><td>立案日期</td><td>2018 年 4 月 6 日</td></tr>
<tr><td>立 案 号</td><td>津市场监管 × 立〔2018〕21 号</td></tr>
<tr><td>行政处理<br>决定内容<br>及结案理由</td><td>对当事人给予以下行政处罚：1. 没收侵权的“洋河海之蓝”等 4 种型号白酒 12 瓶；2. 罚款 12.5 万元。<br>因当事人在法定期限内未履行该行政处罚决定规定的义务，经催告仍未履行，本机关于 2018 年 12 月 3 日申请天津市 ×× 区人民法院强制执行。2019 年 1 月 3 日法院强制执行完毕。<br>行政处罚决定已执行完毕，申请结案。<br>执法人员：李 ××、张 ××<br>2019 年 1 月 10 日</td></tr>
<tr><td>执法机构<br>负责人意见</td><td>同意。<br>执法机构负责人：刘 ××<br>2019 年 1 月 10 日</td></tr>
<tr><td>行政机关<br>负责人意见</td><td>同意。<br>行政机关负责人：陈 ××<br>2019 年 1 月 10 日</td></tr>
</table>

# 天津市市场和质量监督管理
# 结 案 审 批 表

| 案件名称 | 天津AA化肥有限公司生产以不合格产品冒充合格产品的复合肥料案 |
|---|---|
| 立案日期 | 2018年5月23日 |
| 立案号 | 津市场监管 × 立〔2018〕 18 号 |
| 行政处理决定内容及结案理由 | 对当事人给予以下行政处罚：1.没收违法生产的30吨双效肥（复合肥料）；2.处违法生产化肥产品货值金额50%的罚款21000元。<br>当事人收到处罚决定书后提出分期缴纳罚款的申请，2018年9月21日本机关作出《分期缴纳罚款决定书》，批准当事人于2019年1月1日前分两次缴纳罚款。2018年9月22日当事人缴纳了10000元罚款。因当事人在法定期限内未完全履行义务，经催告仍未履行，本机关于2019年1月20日申请天津市××区人民法院强制执行申请。2019年2月20日法院强制执行完毕。<br>行政处罚决定已执行完毕，申请结案。<br>执法人员： 刘×、陈×× <br>2019年2月23日 |
| 执法机构负责人意见 | 同意。<br>执法机构负责人： 张× <br>2019年2月23日 |
| 行政机关负责人意见 | 同意。<br>行政机关负责人： 罗×× <br>2019年2月23日 |

# 天津市市场和质量监督管理
# 结 案 审 批 表

| 案件名称 | ×× 药业有限公司销售劣药护肝丸案 |
|---|---|
| 立案日期 | 2018 年 3 月 6 日 |
| 立案号 | 津市场监管 × 立〔2018〕2 号 |
| 行政处理<br>决定内容<br>及结案理由 | 对当事人给予以下行政处罚：1. 没收劣药护肝丸 20 盒；2. 没收违法所得 450 元；3. 处劣药货值金额 3.5 倍的罚款 5075 元。<br>当事人已于 2018 年 4 月 27 日自觉履行行政处罚决定。<br>行政处罚决定已执行完毕，申请结案。<br>执法人员：王 ××、张 ××<br>2018 年 4 月 29 日 |
| 执法机构<br>负责人意见 | 同意。<br>执法机构负责人：陈 ××<br>2018 年 4 月 29 日 |
| 行政机关<br>负责人意见 | 同意。<br>行政机关负责人：马 ××<br>2018 年 4 月 29 日 |

## 8. 现场检查笔录

# 天津市市场和质量监督管理
# 现 场 检 查 笔 录

时间：____年__月__日__时__分至____年__月__日__时__分

检查地点：________________

当事人姓名或者单位名称：①________________

主体资格证件名称及号码：________________

联系电话：________________

见证人姓名：②____________联系电话：________________

有效身份证件名称及号码：________________

单位或者住址：________________

通知当事人到场情况：③________________

④告知情况：我们是________________的执法人员________________，这是我们的执法证，编号是：____________，请过目。

我们在你（单位）________（职务、姓名）陪同下进行现场检查，请依法配合调查，如实提供证据，不得阻碍执法。你（单位）是否申请检查人员回避：□申请回避；□不申请回避。

□实施行政强制措施，已当场告知采取查封、扣押等行政强制措施的理由、依据，以及依法享有陈述申辩的权利、救济途径。

□实施当场行政处罚，在处罚决定作出前已告知作出本处罚决定的事实、理由、依据和处罚内容，以及依法享有陈述申辩的权利、救济途径。

当事人的陈述申辩意见：⑤________________

________________________________

________________________________

检查情况：（笔录末尾应由被检查人或见证人注明对本笔录的意见）

⑥________________________________

________________________________

________________________________

________________________________

被检查人签名：⑦________________　　________年__月__日

见证人签名：：⑧________________　　________年__月__日

执法人员签名：________________　　________年__月__日

第________页　共________页

被检查人签名：______________________________

见证人签名：______________________________

执法人员签名：______________________________

第____页　共____页

《现场检查笔录》是市场监管部门执法人员记录依法对有违法嫌疑的物品或者场所进行检查等活动的文书。

（1）文书应用范围

依据《天津市市场和质量监督管理行政处罚程序规定》第三十五条规定，对有违法嫌疑的物品或者场所进行检查时使用本文书。

（2）填写说明

①当事人姓名或者单位名称、主体资格证件名称及号码、住所（住址）写法详见文书排版及有关事项说明，联系电话经核实填写。

②见证人在当事人不在场或难以确定以及其他需要的情形下填写，见证人应为第三方人员，不宜将被检查单位有关负责人、员工及执法单位执法人员和见习人员列为见证人。

③若当事人在场，则填写“当事人在场”。若当事人未在场，则注明通知当事人到场的具体方式，及当事人最终是否到场。

④执法人员应当有两名以上。检查时应当向当事人出示证件，并告知其有申请执法人员回避的权利。请写明所属执法单位，执法证件上的姓名及编号，及经初步核实的被检查单位陪同人员的姓名、职务等。注意有强制措施、当场行政处罚情形的要在“□”内勾选相应告知情况，没有的则要在“□”内打“×”。

⑤有强制措施、当场行政处罚情形的，填写当事人陈述申辩意见，未提出陈述申辩意见的，一般填写“无陈述申辩意见”。不涉及强制措施、当场行政处罚情形的，划斜杠线即可。

⑥检查情况力求清楚、真实、全面、重点突出。写明与检查有关的物品、工具、设施的名称、规格、数量、状况、位置、使用情况及相关书证、物证收集情况；与违法行为有关人员的活动情况；当事人及其他人员提供证据材料和配合检查情况；现场拍照、录音、录像、抽样取证、先行登记保存情况；实施强制措施情况；检查发现的其他事实。在笔录最后一行文书下面应当加上“(以下空白)”字样。

⑦由被检查人签名，最好同时按手印。为保证《现场检查笔录》的证据效力，应当尽量取得当事人本人或者其授权委托人、当事人的法定代表人、主要负责人或者其授权委托人签名确认，并在尾页注明“记录属实”等字样。在无法得到这些签名的情况下，应当采取录像或请第三人进行见证。对于在场的当事人一方陪同检查的未经授权的其他负责人员也应在此处签名，但其证明效力有一定缺陷，尽量不要仅以其签名作为确认的依据。

⑧要求当事人在笔录上签名时，如果当事人拒绝到场，拒绝签名、盖章或者以其他方式确认，或者无法找到当事人的，执法人员应当在笔录上注明原因，必要时可邀请有关人员作为见证人，在此处签名。

（3）需要注意的相关问题

1）需要更正的，在涂改部分要由被检查人或见证人以签名、按手印等方式确认。

2）首页页脚，被检查人、见证人、执法人员的签名处均应注明日期，续页仅需签名即可。

# 天津市市场和质量监督管理
# 现 场 检 查 笔 录

时间：2018 年 4 月 6 日 14 时 5 分至 2018 年 4 月 6 日 14 时 25 分

检查地点：天津市 ×× 区 ×× 路 ×× 号当事人店内

当事人姓名或者单位名称：天津市 ×× 区 ×× 商店（赵 ××）

主体资格证件名称及号码：营业执照 ××××××××××××××××××

住所（经营场所）或者住址：天津市 ×× 区 ×× 路 ×× 号

联系电话：×××××××××××

见证人姓名：______ 联系电话：______

有效身份证件名称及号码：______

单位或者住址：______

通知当事人到场情况：当事人赵 ×× 在场。

告知情况：我们是 天津市 ×× 区市场和质量监督管理局 的执法人员 李 ××、张 ××，这是我们的执法证，编号是：×××××、×××××，请过目。

我们在你（单位）负责人赵 ××（职务、姓名）陪同下进行现场检查，请依法配合调查，如实提供证据，不得阻碍执法。你（单位）是否申请检查人员回避：☒ 申请回避；☑ 不申请回避。

☑ 实施行政强制措施，已当场告知采取查封、扣押等行政强制措施的理由、依据，以及依法享有陈述申辩的权利、救济途径。

☒ 实施当场行政处罚，在处罚决定作出前已告知作出本处罚决定的事实、理由、依据和处罚内容，以及依法享有陈述申辩的权利、救济途径。

当事人的陈述申辩意见：无陈述申辩意见。

检查情况：（笔录末尾应由被检查人或见证人注明对本笔录的意见）

1．该店门外挂着“×× 商店”字样的牌匾，店内面积约 $80m^2$，货架上摆有各类烟酒商品，有 3 名销售人员，正在营业中。2．当事人能提供营业执照和食品经营许可证。3．该店货架上正在销售的 9 瓶“洋河海之蓝”、1 瓶“洋河天之蓝”、2 瓶“洋河梦之蓝”白酒经江苏洋河酒厂股份有限公司技术人员当场鉴别，包装粗糙、防伪标识颜色不正，为侵犯注册商标专用权的商品。4．当事人当场不能提供上述商品的供货方资质证明、进销货票据及食品检验合格证明。5. 执法人员对上述白酒进行扣押，

被检查人签名：赵 ×× 2018 年 4 月 6 日

见证人签名：______ ____年__月__日

执法人员签名：李 ××、张 ×× 2018 年 4 月 6 日

第 1 页 共 2 页

并责令立即停止侵权行为。6.执法人员对现场、涉案商品及价格标签进行拍照取证。(以下空白)

以上属实

被检查人签名： 赵××

见证人签名：

执法人员签名： 李××、张××

第 2 页 共 2 页

# 天津市市场和质量监督管理
# 现 场 检 查 笔 录

时间：2018 年 7 月 2 日 9 时 0 分至 2018 年 7 月 2 日 11 时 30 分
检查地点：天津市 ×× 区 ×× 路 ×× 号当事人生产车间、库房
当事人姓名或者单位名称：天津 AA 化肥有限公司
主体资格证件名称及号码：营业执照 1201000006××××
联系电话：××××××××
见证人姓名：______ 联系电话：______
有效身份证件名称及号码：______
单位或者住址：______
通知当事人到场情况：经电话通知，当事人委托厂长李 ×× 到场陪同检查
告知情况：我们是 天津市 ×× 区市场和质量监督管理局 的执法人员 刘 ×、陈 ×× ，这是我们的执法证，编号是：×××××、××××× ，请过目。

我们在你（单位） 厂长李 ×× （职务、姓名）陪同下进行现场检查，请依法配合调查，如实提供证据，不得阻碍执法。你（单位）是否申请检查人员回避：☒ 申请回避；☑ 不申请回避。

☑ 实施行政强制措施，已当场告知采取查封、扣押等行政强制措施的理由、依据，以及依法享有陈述申辩的权利、救济途径。

☒ 实施当场行政处罚，在处罚决定作出前已告知作出本处罚决定的事实、理由、依据和处罚内容，以及依法享有陈述申辩的权利、救济途径。

当事人的陈述申辩意见： 无陈述申辩意见。

检查情况：（笔录末尾应由被检查人或见证人注明对本笔录的意见）
1．当事人的生产车间有生产设备 3 台，工人 8 名正在生产复合肥料；2．执法人员在该公司成品库待销区内发现存有标识为“总养分≥ 55%”的复合肥料，包装标示厂名为天津 AA 化肥有限公司，生产日期为 2018 年 6 月 29 日，数量为 600 袋，共计 30 吨，包装标识执行标准 GB/T 21633—2008；另外还存有“总养分≥ 30%”双效肥（复合肥料），包装标示厂名为天津 AA 化肥有限公司，生产日期为 2018 年 6 月 25 日，数量为 30 吨，包装标识执行标准 GB15063—2009，产品包装标示有合格证；3．执法人员对上述待售的 30 吨双效肥（复合肥料）采取了先行登记保存措施；4.×× 质检站检验人员按照执法人员的要求，依法对现场上述两种产品进行了抽样，该公司对抽样方式及程序无异议；5.该

被检查人签名： 李 ×× 2018 年 7 月 2 日
见证人签名：______ ____年__月__日
执法人员签名： 刘 ×、陈 ×× 2018 年 7 月 2 日

第 1 页 共 2 页

公司现场无法提供上述两批次产品合格检验报告；6. 执法人员对现场及涉案产品进行拍照取证。（以下空白）

以上属实

被检查人签名：李××

见证人签名：

执法人员签名：刘×、陈××

第 2 页 共 2 页

# 天津市市场和质量监督管理
# 现场检查笔录

时间：2018 年 5 月 7 日 9 时 25 分至 2018 年 5 月 7 日 10 时 50 分

检查地点：天津市 ×× 区 ×× 路 ×× 号当事人店内

当事人姓名或者单位名称：天津市 ×× 大药房

主体资格证件名称及号码：营业执照 ××××××××××××××××××

联系电话：×××××××××

见证人姓名：__________ 联系电话：__________

有效身份证件名称及号码：__________

单位或者住址：__________

通知当事人到场情况：电话通知当事人法定代表人，已到场

告知情况：我们是 天津市 ×× 区市场和质量监督管理局 的执法人员 王 ××、张 ××，这是我们的执法证，编号是：×××××、×××××，请过目。

我们在你(单位) 法定代表人赵 ×× (职务、姓名)陪同下进行现场检查，请依法配合调查，如实提供证据，不得阻碍执法。你(单位)是否申请检查人员回避：☒ 申请回避；☑ 不申请回避。

☑ 实施行政强制措施，已当场告知采取查封、扣押等行政强制措施的理由、依据，以及依法享有陈述申辩的权利、救济途径。

☒ 实施当场行政处罚，在处罚决定作出前已告知作出本处罚决定的事实、理由、依据和处罚内容，以及依法享有陈述申辩的权利、救济途径。

当事人的陈述申辩意见：无陈述申辩意见。

检查情况：(笔录末尾应由被检查人或见证人注明对本笔录的意见)

1．该药房门外挂着“天津市 ×× 大药房”字样的牌匾，店内面积约 80 平方米，货架上和柜台内摆有各类药品，有 3 名销售人员，正在营业中。2．当事人能提供营业执照和药品经营许可证。3．在该药房中间一排货架上摆放着的感愈胶囊 10 盒、莲花清热胶囊 40 盒、罗红霉素片 60 盒，共涉及 3 个批次共 110 盒。当事人不能提供以上药品供货企业的资质证明和进货票据，销售台账显示以上药品未售出。4．执法人员依法对上述 3 种药品予以扣押，并责令当事人立即停止违法行为。5. 执法人员对现场、涉案

被检查人签名：赵 ×× 2018 年 5 月 7 日

见证人签名：__________ ____年___月___日

执法人员签名：王 ××、张 ×× 2018 年 5 月 7 日

第 1 页 共 2 页

药品及价格标签进行拍照取证。（以下空白）

以上属实

被检查人签名：赵××

见证人签名：

执法人员签名：王××、张××

第 2 页 共 2 页

## 9. 询问调查笔录

# 天津市市场和质量监督管理
# 询 问 调 查 笔 录

时间：____年__月__日__时__ 分至____年__月__日__时__分

调查地点：______________________________

被调查人：____①____________________

有效身份证件名称及号码：____②____________________

住址：____③____________________

联系电话：____④____________________

执法人员（问）：我们是____⑤____________________的行政执法人员______________________________，这是我们的执法证，编号______________________________，请过目。现依据《中华人民共和国行政处罚法》第三十七条第一款的规定依法向你调查询问了解有关情况，你应当如实回答询问、协助调查。如果你认为办案人员与本案有直接利害关系，你有申请办案人员回避的权利，请问你是否听清楚？是否申请回避？

被调查人（答）：____⑥____________________

______________________________

______________________________

______________________________

______________________________

______________________________

______________________________

______________________________

______________________________

______________________________

______________________________

______________________________

______________________________

______________________________

______________________________

被调查人签名：____⑦____________________ ____年__月__日

执法人员签名：______________________________ ____年__月__日

第____页 共____页

⑧被调查人：本笔录已经本人逐一核对（已向本人宣读），无误。

被调查人签名：________________

执法人员签名：________________

第____页 共____页

《询问调查笔录》是市场监管部门为了查清案情，对当事人和其他相关人员进行询问、调查时记录有关询问、调查情况和内容的文书。

（1）文书应用范围

依据《中华人民共和国行政处罚法》第三十七条和《天津市市场和质量监督管理行政处罚程序规定》第三十条规定，进行询问调查时使用本文书进行记录。

（2）填写说明

①一份询问调查笔录被调查人应为一人，不得同时调查多人。

②主体资格证件和号码应为有效身份证件名称、号码。

③住址应为身份证住址或可兹证明的常驻地址。

④联系电话应为可与被调查人联系的在用电话号码。

⑤注明执法人员的工作单位、姓名、执法证编号等事项。执法人员应当有两名以上。

⑥被调查人应在正文中首先回答是否听清楚，是否申请回避的问题。以下询问调查内容均采取一“问”一“答”方式，“问”指执法人员，“答”指被调查人，不再重复写“执法人员”和“被调查人”字样。询问调查内容力求清楚、真实、全面、重点突出。

⑦每一页页脚均应当由被调查人、执法人员签名。被调查人最好应同时按手印。被调查人拒绝签名，应当在笔录上注明。

⑧此句应在笔录尾页末尾被调查人签名前予以注明。被调查人没有阅读能力的，在询问调查结束时要向其宣读。

（3）需要注意的相关问题

1）首页页脚，被调查人、执法人员的签名处均应注明日期，续页仅需签名即可。

2）需要更正的，在涂改部分要由被调查人以签名、按手印等方式确认。

3）询问中，办案人员可以要求当事人及证明人提供证明材料或者与违法行为有关的其他材料，并由材料提供人在有关材料上签名或者盖章。

# 天津市市场和质量监督管理

# 询 问 调 查 笔 录

时间：2018年4月7日9时0分至2018年4月7日9时30分

调查地点：天津市××区××市场和质量监督管理所××室

被调查人：钱××

有效身份证件名称及号码：身份证××××××××××××××××××××

住址：天津市××区××街××小区×××××

联系电话：139××××××××

执法人员（问）：我们是天津市××区市场和质量监督管理局的行政执法人员李××、张××，这是我们的执法证，编号×××××、×××××，请过目。现依据《中华人民共和国行政处罚法》第三十七条第一款的规定依法向你调查询问了解有关情况，你应当如实回答询问、协助调查。如果你认为办案人员与本案有直接利害关系，你有申请办案人员回避的权利，请问你是否听清楚？是否申请回避？

被调查人（答）：听清楚了，不申请回避。

问：请做一下自我介绍。

答：我叫钱××，是天津市××区××商店的店员，主要负责销售工作，这是我的身份证。（当场提供身份证）

问：你是否有授权委托书？

答：我有授权委托书。（当场提供授权委托书）

问：请你介绍一下天津市××区××商店的基本情况？

答：天津市××区××商店，经营场所为天津市××区××路××号，经营者是×××。有营业执照和食品经营许可证。（当场提供食品经营许可证复印件）

问：2018年4月6日，执法人员检查时发现你店内正在销售的“洋河海之蓝”、“洋河天之蓝”、“洋河梦之蓝”白酒是什么时间、什么地方、从什么人手中购进的？

答：这些白酒是2017年12月1日有一个推销员来到我店推销，我店觉得价格便宜就购进了一些。

问：那个推销员是哪里来的，具体情况你是否了解？

答：我们之前不认识这个推销员，只知道他姓宋，其他情况我都不了解。

问：你店是否有他的联系方式？能否联系到这个人？

答：他送来酒收了钱就走了，没有留下联系方式，也没有再来过，所以联系不上他。

被调查人签名：钱×× 2018年4月7日

执法人员签名：李××、张×× 2018年4月7日

第1页 共2页

问：当时你店从他那里共购进多少白酒？

答：38°“洋河海之蓝”白酒（480mL）购进3瓶，52°“洋河海之蓝”（480mL）白酒购进6瓶，52°“洋河天之蓝”白酒（480mL）购进1瓶，42.8°“洋河梦之蓝”白酒（500mL）购进2瓶。

问：购进价格是多少？

答：购进价格是“洋河海之蓝”白酒（480mL）50元/瓶，52°“洋河海之蓝”50元/瓶，52°“洋河天之蓝”白酒（480mL）200元/瓶，“洋河梦之蓝”白酒（500mL）350元/瓶。一共1350元。

问：你店是否能提供供货方资质证明、进货票据？

答：都没有，推销员当时什么都没有提供。

问：你店是怎样付款的？

答：我店直接给他现金。

问：你店销售这些酒时的标价是多少？

答：38°“洋河海之蓝”白酒（480mL）标价90元/瓶，52°“洋河海之蓝”白酒标价100元/瓶，52°“洋河天之蓝”白酒（480mL）标价24元/瓶，42.8°“洋河梦之蓝”白酒500mL标价400元/瓶。

问：以上白酒你店售出了多少？

答：目前一瓶也没有卖出去。

问：你店有销售台账或者凭证吗？

答：我店是个人经营，没有销售台帐和凭证。

问：你店销售的上述商品经商标权利人鉴别为侵权商品，你店是否有异议？

答：我店没有异议。

问：除以上所说的你还有什么要补充的吗？

答：没有了。（以下空白）

被调查人：本笔录已经本人逐一核对（已向本人宣读），无误。

被调查人签名：钱××

执法人员签名：李××、张××

第 2 页 共 2 页

# 天津市市场和质量监督管理
# 询 问 调 查 笔 录

时间：2018年7月9日9时0分至2018年7月9日9时40分

调查地点：天津市××区××市场和质量监督管理所××室

被调查人：李××

有效身份证件名称及号码：身份证120××××××××××××××××

住址：天津市××区××街××小区×××××

联系电话：139××××××××

执法人员（问）：我们是天津市××区市场和质量监督管局的行政执法人员刘×、陈××，这是我们的执法证，编号×××××、×××××，请过目。现依据《中华人民共和国行政处罚法》第三十七条第一款的规定依法向你调查询问了解有关情况，你应当如实回答询问、协助调查。如果你认为办案人员与本案有直接利害关系，你有申请办案人员回避的权利，请问你是否听清楚？是否申请回避？

被调查人（答）：听清楚了，不申请回避。

问：请做一下自我介绍。

答：我叫李××，是天津AA化肥有限公司的生产厂长，主要负责天津AA化肥有限公司化肥生产的组织、管理工作，这是我的身份证。（当场提供身份证）

问：你是否有授权委托书？

答：我有授权委托书。（当场提供授权委托书）

问：请你介绍一下天津AA化肥有限公司的基本情况？

答：天津AA化肥有限公司，住所为天津市××区××路××号，法定代表人是×××。有营业执照和工业产品生产许可证。（当场提供营业执照和工业产品生产许可证复印件）

问：你公司主要生产什么产品？

答：生产化肥。

问：你公司2018年6月25日生产的规格为50kg/袋的双效肥（复合肥料）经抽样检验，水分指标不符合GB15063—2009《复混肥料（复合肥料）》的规定，被判定为不合格产品。2018年7月3日，我单位执法人员将××质检站出具的17-006号检验报告送达你公司，你公司是否收到？

答：检验报告已经收到。

被调查人签名：李××　　2018年7月9日

执法人员签名：刘×、陈××　　2018年7月9日

第1页　共2页

问：你对检验结果是否有异议？是否申请复检？

答：检验报告已经看过，对检验结果无异议，不申请复检。

问：你公司2018年6月25日生产的规格为50kg/袋的双效肥（复合肥料）出厂销售前是否进行检验？

答：没有检验。

问：为什么没有进行检验？

答：我公司产品质量一直比较稳定。此次任务比较急，所以就没有检验。

问：本机关执法人员在你公司成品库待销区发现，你公司2018年6月25日生产的规格为50kg/袋的双效肥（复合肥料）的产品外包装上缝有产品合格证，这个情况是否属实？

答：以上情况属实。

问：你公司生产的复合肥料标注双效肥，该产品执行标准是什么？

答：产品包装上有复合肥料字样。该产品执行《复混肥料（复合肥料）》标准GB15063—2009。

问：被抽样的规格为50kg/袋的双效肥（复合肥料）是什么时候生产的？有生产记录吗？

答：被抽样的规格为50kg/袋的双效肥（复合肥料）是2018年6月25日生产，有生产记录。

问：2018年6月25日生产的规格为50kg/袋的双效肥（复合肥料）一共生产多少？是否销售？

答：这批双效肥（复合肥料）数量为600袋，共30吨，未销售。

问：规格为50kg/袋的双效肥（复合肥料）的销售价格和成本价格分别是多少？

答：销售价格为70元/袋，成本价格为60元/袋。

问：除以上所说的你还有什么要补充的吗？

答：没有了。（以下空白）

被调查人：本笔录已经本人逐一核对（已向本人宣读），无误。

被调查人签名：李××

执法人员签名：刘×、陈××

第 2 页 共 2 页

# 天津市市场和质量监督管理
# 询 问 调 查 笔 录

时间：2018 年 5 月 9 日 9 时 25 分至 2018 年 5 月 9 日 10 时 50 分

调查地点：天津市 ×× 区市场和质量监督稽查大队 ×× 室

被调查人：赵 ××

有效身份证件名称及号码：身份证 120××××××××××××××××

住址：天津市 ×× 区 ×× 路 ×× 号

联系电话：139××××××××

执法人员（问）：我们是天津市 ×× 区市场和质量监督管理局的行政执法人员王 ××、张 ××，这是我们的执法证，编号××××××、××××××，请过目。现依据《中华人民共和国行政处罚法》第三十七条第一款的规定依法向你调查询问了解有关情况，你应当如实回答询问、协助调查。如果你认为办案人员与本案有直接利害关系，你有申请办案人员回避的权利，请问你是否听清楚？是否申请回避？

被调查人（答）：听清楚了，不申请回避。

问：请做一下自我介绍。

答：我叫赵 ××，在天津市 ×× 大药房工作，是该大药房经理。负责大药房的日常管理和药品采购工作，这是我的身份证。（当场提供身份证）

问：你是否有授权委托书？

答：我有授权委托书。（当场提供授权委托书）

问：请你介绍一下天津市 ×× 大药房的基本情况。

答：天津市 ×× 大药房，住所为天津市 ×× 区 ×× 路 ×× 号，负责人是 ×××。有营业执照和药品经营许可证。（当场提供营业执照和药品经营许可证复印件）

问：天津市 ×× 大药房销售的感愈胶囊（生产厂家：×× 制药集团股份有限公司，批号：21011）；莲花清热胶囊（生产厂家：×× 制药集团有限公司，批号：2017011）；罗红霉素片（生产厂家：×× 制药有限公司，批号：20170102）是由谁负责购进的？

答：是由我购进的。

问：上述药品是什么时间购进的，从哪里购进的。

答：我记得是在 2018 年 2 月份购进的，具体从哪里购进的我记不清了。

问：你能提供上述药品的供货企业资质和合法票据吗？

答：我无法提供。在购进这批药品是没有索取供货企业资质和合法票据。

被调查人签名：赵 ××　　2018 年 5 月 9 日

执法人员签名：王 ××、张 ××　　2018 年 5 月 9 日

第 1 页 共 2 页

问：你知道药品的正常购进程序吗？

答：知道。只是这3种药品没有索取供货企业资质和合法票据。我有责任。

问：请你讲一下上述药品的购进数量、销售数量和销售价格？

答：感愈胶囊（生产厂家：××制药集团股份有限公司）我只购进了一批，批号是：21011，共购进20盒，销售了10盒，还剩10盒，销售价格是10元/盒；莲花清热胶囊（生产厂家：××制药集团有限公司）也购进了一批，批号是：2017011，共购进60盒，销售了20盒，还剩40盒，销售价格是15元/盒；罗红霉素片（生产厂家：××制药有限公司）也购进了一批，批号是：20170102，共购进70盒，销售了10盒，还剩60盒，销售价格是5元/盒。

问：天津市××大药房有药品购进验收记录吗？

答：没有。

问：天津市××大药房有药品养护记录吗？

答：没有。

问：除以上所说的你还有什么要补充的吗？

答：没有了。（以下空白）

被调查人：本笔录已经本人逐一核对（已向本人宣读），无误。

被调查人签名：赵××

执法人员签名：王××、张××

第 2 页 共 2 页

## 10. 抽样取证记录

# 天津市市场和质量监督管理
# 抽 样 取 证 记 录

<table>
<tr><td rowspan="3">被检查人①</td><td>姓名或单位名称</td><td colspan="3"></td></tr>
<tr><td>住所（经营场所）</td><td colspan="3"></td></tr>
<tr><td>法定代表人<br>（负责人）</td><td></td><td>联系电话</td><td></td></tr>
<tr><td rowspan="6">被抽样产品情况②</td><td>产品名称</td><td></td><td>型号规格</td><td></td></tr>
<tr><td>生产企业</td><td></td><td>标称商标</td><td></td></tr>
<tr><td>生产日期<br>或出厂批号</td><td></td><td>产品执行<br>标准编号</td><td></td></tr>
<tr><td>产品等级</td><td></td><td>包装方式</td><td></td></tr>
<tr><td colspan="2">产品生产许可证编号：</td><td colspan="2">产品质量认证编号：</td></tr>
<tr><td colspan="4">是否为合格待销产品：□是　　　□否</td></tr>
<tr><td rowspan="6">抽样及样品情况③</td><td>抽样方法</td><td colspan="3">□按标准规定抽样（抽样依据的标准编号）：<br>□按双方约定以随机的方式抽样（注明约定的抽样方法，可使用附页）：</td></tr>
<tr><td rowspan="2">样本量</td><td rowspan="2"></td><td>检验样本数量</td><td></td></tr>
<tr><td>备用样本数量</td><td></td></tr>
<tr><td>抽样基数</td><td></td><td>样本等级</td><td></td></tr>
<tr><td>抽样地点</td><td colspan="3"></td></tr>
<tr><td colspan="4">抽样样品是否要求返还：□是　　　□否</td></tr>
<tr><td rowspan="3">封样情况④</td><td>包装方式</td><td></td><td>封条数量</td><td></td></tr>
<tr><td>备用样本<br>封存地点</td><td></td><td>封条部位</td><td></td></tr>
<tr><td colspan="2">抽样人签名：<br>（印章）<br>年　月　日</td><td colspan="2">对抽样过程和上述内容有无异议？<br>供样人签名：（印章）<br>年　月　日</td></tr>
<tr><td>备注</td><td colspan="4">⑤</td></tr>
</table>

本文书一式三份。一份送达被抽检人，一份交检验机构，一份市场和质量监督管理部门存档。

《抽样取证记录》是市场监管部门采取抽样取证措施收集证据时，对抽样取证的过程、抽取样品的情况等相关内容进行记录的文书。

（1）文书应用范围

依据《中国人民共和国行政处罚法》第三十七条第二款和《天津市市场和质量监督管理行政处罚程序规定》第三十六条的规定，市场监管部门可以采取抽样取证的方法收集证据，在进行抽样取证时，办案人员应当制作本文书。

（2）填写说明

①栏填写被检查人的具体情况，写法参见《文书排版及有关事项说明》规定的当事人项目的写法。当事人无法确定的，应注明“无法确定”。

②栏填写被抽样取证物品的的具体情况，可按照抽样物品或其外包装、标签、说明书上记载的内容填写。如果没有或者无法确定其中某项内容，也应当注明。

③栏选择样品的抽样方法，以勾选方式选取。并对抽样取证的详细情况和整个过程的描述，包括抽取物品的总体情况，样本数量（检验、备样数量）、抽样基数（抽取样品代表批量）、样本的等级、抽取样品的地点以及样品是否要求返还等事项。必须如实、准确填写，选择以勾选方式。

④栏当详细记录样品的包装方式（如装箱等）和加封情况，加贴封条、在封条上签名、备样封存地点等。如抽样人为办案人员，则由办案人员签名，并注明日期；如果抽样人为市场监管部门委托的相关机构指派的人员，则应当由该机构指派的人员签名或者盖章，并注明日期。如供样人为自然人，应当由该自然人签名或者盖章，并注明日期；如果供样人为法人或者非法人组织，一般应当由其法定代表人、主要负责人或者其授权委托人签名或者盖章，并加盖单位印章，注明日期；如果其法定代表人或者主要负责人不在场，也可由在场的其他负责人员签名或者盖章，并注明日期，其他负责人的身份应当在备注中记明。以上均应注明对抽样过程和内容有无异议事项。

⑤栏记录抽样取证过程中的特殊事由，如当事人拒绝到场或者拒绝签名盖章、邀请了其他人作为见证人等。

（3）需要注意的相关问题

1）要重视当事人、见证人的签名确认问题。为保证《抽样取证记录》的证据效力，应当尽量取得当事人本人或者其授权委托人、当事人的法定代表人、主要负责人或者其授权委托人的签名确认。在无法得到这些签名的情况下，应当采取全程录像的方式进行记录或请第三人进行见证。对于在场的当事人的其他负责人员签名，其证明效力有一定缺陷，因而尽量不要仅以其签名作为当事人确认的依据。

2）《抽样取证记录》为抽样一般产品或商品时使用，对于药品，应使用《药品抽样记录》。市场监管部门委托相关机构进行抽样取证时，一般由该机构对抽样取证的情况进行记录；相应地，一般应当使用该机构的抽样取证记录文书。

# 天津市市场和质量监督管理
# 抽 样 取 证 记 录

<table>
<tr><td rowspan="3">被检查人</td><td>姓名或单位名称</td><td colspan="3">天津市 ×× 区 ×× 商店（赵 ××）</td></tr>
<tr><td>住所（经营场所）</td><td colspan="3">天津市 ×× 区 ×× 路 ×× 号</td></tr>
<tr><td>法定代表人（负责人）</td><td>赵 ××</td><td>联系电话</td><td>××××××××××</td></tr>
<tr><td rowspan="6">被抽样产品情况</td><td>产品名称</td><td>白酒</td><td>型号规格</td><td>480mL，52°</td></tr>
<tr><td>生产企业</td><td>江苏洋河酒厂股份有限公司</td><td>标称商标</td><td>洋河海之蓝</td></tr>
<tr><td>生产日期或出厂批号</td><td>2017 年 8 月 9 日</td><td>产品执行标准编号</td><td>GB×××××××××××××</td></tr>
<tr><td>产品等级</td><td>一级</td><td>包装方式</td><td>瓶装</td></tr>
<tr><td colspan="2">产品生产许可证编号：SC**********</td><td colspan="2">产品质量认证编号：/</td></tr>
<tr><td colspan="4">是否为合格待销产品：☑ 是　　☒ 否</td></tr>
<tr><td rowspan="7">抽样及样品情况</td><td>抽样方法</td><td colspan="3">☑ 按标准规定抽样（抽样依据的标准编号）：GB××××<br>☒ 按双方约定以随机的方式抽样（注明约定的抽样方法，可使用附页）：</td></tr>
<tr><td rowspan="2">样本量</td><td rowspan="2">3 瓶</td><td>检验样本数量</td><td>1 瓶</td></tr>
<tr><td>备用样本数量</td><td>2 瓶</td></tr>
<tr><td>抽样基数</td><td>6 瓶</td><td>样本等级</td><td>/</td></tr>
<tr><td>抽样地点</td><td colspan="3">天津市 ×× 区 ×× 路 ×× 号被抽检人店内</td></tr>
<tr><td colspan="4">抽样样品是否要求返还：☒ 是　　☑ 否</td></tr>
<tr><td colspan="4"></td></tr>
<tr><td rowspan="3">封样情况</td><td>包装方式</td><td>袋装</td><td>封条数量</td><td>2 条</td></tr>
<tr><td>备用样本封存地点</td><td>检验机构</td><td>封条部位</td><td>袋口</td></tr>
<tr><td colspan="2">抽样人签名：<br>李 ××、张 ××<br>（印章）<br>2018 年 4 月 6 日</td><td colspan="2">对抽样过程和上述内容有无异议？<br>无异议<br>供样人签名：赵 ××　（印章）<br>2018 年 4 月 6 日</td></tr>
<tr><td>备注</td><td colspan="4"></td></tr>
</table>

本文书一式三份。一份送达被抽检人，一份交检验机构，一份市场和质量监督管理部门存档。

# 天津市市场和质量监督管理
# 抽样取证记录

<table>
<tr><td rowspan="3">被检查人</td><td>姓名或者单位名称</td><td colspan="3">天津AA化肥有限公司</td></tr>
<tr><td>住所（经营场所）</td><td colspan="3">天津市××区××路××号</td></tr>
<tr><td>法定代表人（负责人）</td><td>武××</td><td>联系电话</td><td>2869××××</td></tr>
<tr><td rowspan="6">被抽样产品情况</td><td>产品名称</td><td>复合肥料</td><td>型号规格</td><td>≥30%，50kg/袋</td></tr>
<tr><td>生产企业</td><td>天津AA化肥有限公司</td><td>标称商标</td><td>×××</td></tr>
<tr><td>生产日期或出厂批号</td><td>2018年6月25日</td><td>产品执行标准编号</td><td>GB15063—2009</td></tr>
<tr><td>产品等级</td><td>中浓度</td><td>包装方式</td><td>袋装</td></tr>
<tr><td colspan="2">产品生产许可证编号：×K13-001-01567</td><td colspan="2">产品质量认证编号：04308Q12395ROM</td></tr>
<tr><td colspan="4">是否为合格待销产品：☑是　　☒否</td></tr>
<tr><td rowspan="6">抽样及样品情况</td><td>抽样方法</td><td colspan="3">☑按标准规定抽样（抽样依据的标准编号）：GB××××<br>☒按双方约定以随机的方式抽样（注明约定的抽样方法，可使用附页）：</td></tr>
<tr><td rowspan="2">样本量</td><td rowspan="2">2kg</td><td>检验样本数量</td><td>1kg</td></tr>
<tr><td>备用样本数量</td><td>1kg</td></tr>
<tr><td>抽样基数</td><td>30000kg</td><td>样本等级</td><td>≥30%，中浓度</td></tr>
<tr><td>抽样地点</td><td colspan="3">天津市××区××路××号被抽检人生产厂成品待销库房</td></tr>
<tr><td colspan="4">抽样样品是否要求返还：☒是　　☑否</td></tr>
<tr><td rowspan="3">封样情况</td><td>包装方式</td><td>袋装</td><td>封条数量</td><td>2条</td></tr>
<tr><td>备用样本封存地点</td><td>检验机构</td><td>封条部位</td><td>袋口</td></tr>
<tr><td colspan="2">抽样人签名：<br>白××、刘××<br>（印章）<br>2018年7月2日</td><td colspan="2">对抽样过程和上述内容有无异议？<br>无异议。<br>供样人签名：李××　（印章）<br>2018年7月2日</td></tr>
<tr><td>备注</td><td colspan="4"></td></tr>
</table>

本文书一式三份。一份送达被抽检人，一份交检验机构，一份市场和质量监督管理部门存档。

## 11. 药品抽样记录

# 天津市市场和质量监督管理
# 药 品 抽 样 记 录

①抽样单位： 检验单位：

抽样日期： 年 月 日

<table>
<tr><td>药品通用名</td><td>②</td><td>药品商品名</td><td>③</td></tr>
<tr><td colspan="2">生产单位（含配制单位或产地）</td><td colspan="2">④</td></tr>
<tr><td>地　址</td><td colspan="3">⑤</td></tr>
<tr><td>制剂规格</td><td>⑥</td><td>包装规格</td><td>⑦</td></tr>
<tr><td>批　号</td><td>⑧</td><td>有 效 期</td><td>⑨</td></tr>
<tr><td>批准文号</td><td colspan="3">⑩</td></tr>
<tr><td>被抽样单位</td><td colspan="3">⑪</td></tr>
<tr><td>地　址</td><td colspan="3"></td></tr>
<tr><td>联 系 人</td><td>⑫</td><td>电　话</td><td>⑬</td></tr>
<tr><td colspan="4">1. 药品类别：⑭ 注：是☑ 否☒</td></tr>
<tr><td colspan="4">（1）□药用原料：□中间体（半成品） □辅料 □中药材 □饮片 □包装材料</td></tr>
<tr><td colspan="4">（2）□药品制剂：□抗生素 □生化药 □中成药 □生物制品 □诊断试剂</td></tr>
<tr><td colspan="4">（3）□特殊药品：□放射性药品 □麻醉药品 □医疗用毒性药品 □精神药品</td></tr>
<tr><td colspan="4">2. 外包装情况：⑮</td></tr>
<tr><td colspan="4">□包装无破损； □无水迹； □无霉变； □无虫蛀； □无污染</td></tr>
<tr><td colspan="4">3. 抽样地点类别：⑯</td></tr>
<tr><td colspan="4">□生产单位 □医院制剂 □经营单位（□批发□零售） □医疗机构<br>□仓库 □货架 □其他：________</td></tr>
<tr><td colspan="4">药品保存状态： 温度 ℃ 湿度 %</td></tr>
<tr><td colspan="4">4. 抽样情况：⑰</td></tr>
<tr><td colspan="4">（1）样品包装：□玻瓶； □纸盒； □塑料袋； □铝塑； □其他：________</td></tr>
<tr><td colspan="4">（2）抽样数量：</td></tr>
<tr><td colspan="4">（3）抽样说明：</td></tr>
<tr><td colspan="4">抽样单位经手人签名：⑱ 检验单位经手人签名：⑲<br><br>被抽样单位经手人签名（盖章）：⑳</td></tr>
</table>

本文书一式三份，一份送达被抽检人，一份交检验机构，一份市场和质量监督管理部门存档。

《药品抽样记录》是市场监管部门（主要是相关药品检测机构）在对药品进行产品质量监督检验工作时，填写的一种记录药品抽样方式的规范性证明文书。

（1）文书应用范围

依据《药品质量抽查检验管理规定》第三章第十七条，抽样结束后，抽样人员应当据实填写此文书。

（2）填写说明

①抽样单位、检验单位均应填写全称，抽样时间按实际抽样时间填写。

②药品通用名是由国家药典委员会按照《药品通用名称命名原则》组织制定并报国家卫生和计划生育委员会备案的药品的法定名称。以药品包装、标签和说明书标示的药品通用名为准，要写全名，如速效救心丸。

③药品商品名称是药品生产企业自己确定，指经国家药品监督管理部门批准的特定企业使用的该药品专用的商品名称。一个通用名下，由于生产厂家的不同，可有多个商品名称，如复方氨酚烷胺胶囊，其商品名有快克、仁和可立克等。

④严格按药品包装、标签说明书标示的生产企业名称填写。

⑤填写药品包装、标签和说明书标示的生产地址全称。

⑥制剂规格按药品包装、标签和说明书中的“〔规格〕”填写。

⑦包装规格应填写抽验时最小包装及内含数量，从样品的最小包装开始从里向外描述，注意不能与制剂规格混淆。如：12片/板×3板/盒。

⑧生产单位在药品生产过程中，将同一次投料、同一次生产工艺所生产的药品用一个批号来表示。按样品包装上打印的批号填写，包括空格和尾号，不能省略，有分批号的必须写全，如：20120808018。

⑨有效期：是指药品在规定的储存条件下，保证质量的最长使用期限，超过这个期限则不能继续销售、使用。如2018年8月18日，不要与批号混淆。

⑩生产新药或者已有国家标准的药品的，须经国务院药品监督管理部门批准，并在批准文件上规定该药品的专有编号，此编号称为药品批准文号。按药品包装、标签和说明书标示的药品批准文号填写，不能简写，“国药准字”四字要写全。如：国药准字H20050336。

⑪被抽样单位名称和地址应按药品经营许可证上的单位和地址详细填写，如发现地址与药品经营许可证上的不符时，应在抽样说明中注明。

⑫生产企业可写质量负责人、医疗单位一般写药剂科主任、个体诊所写法人、药店写店主较为妥当。

⑬生产企业、医疗单位填写被抽样单位联系人的办公固定电话，诊所和药店没有固定电话的也可以填写移动电话，但必须保证电话为正在使用、能直接与被抽样单位联系的电话。

⑭药品的类别要准确勾选，注意区分。是的打“√”，否的打“×”。

⑮药品外包装情况五个选项按实际情况全部填写，不能不填写。是的打“√”，否的打“×”。

⑯根据实际情况进行勾选。是的打“√”，否的打“×”。注明药品保存状态的温度、湿度。

⑰“样品包装”指与药品直接接触的包装，不要写成外包装。在备选项中勾选，没有时在“其他”里按说明书中的包装标示如实记录；“抽样数量”按抽样时的包装数填写。“抽样说明”，凡是需要说明的情况均可在此说明，如温湿度计损坏、无公章、公章不在、被抽样单位拒绝签字等。

⑱开展药品抽样工作时，市场监管部门派出2名以上药品抽样人员完成，每个人的签名都应是自己签写，两人签名不能代签。

⑲药品检验单位在收检时核对抽样记录与药品信息相符后由经手人员签名。

⑳被抽样单位工作人员签字后，并加盖被抽样单位公章；被抽样对象为个人的，由该个人签字。个体诊所和药店无章时应按指纹为妥（但无公章或公章不在时应在抽样说明中说明）。

（3）需要注意的相关问题

1）要重视被抽样单位的签名确认问题。为保证《药品抽样记录》的证据效力，应当尽量取得当事人本人或者其授权委托人、当事人的法定代表人、主要负责人或者其授权委托人的签名确认。在无法得到这些签名的情况下，应当采取全程录像的方式进行记录或请第三人进行见证。对于在场的当事人的其他负责人员签名，其证明效力有一定缺陷，因而尽量不要仅以其签名作为当事人确认的依据。

2）市场监管部门委托相关机构进行药品抽检时，一般由该机构对抽样取证的情况进行记录；相应地，一般应当使用该机构的抽样取证记录文书。

# 天津市市场和质量监督管理
# 药品抽样记录

抽样单位：×× 市场和质量监督管理局　　检验单位：×× 检验所

抽样日期：2018 年 5 月 8 日

| 药品通用名 | 藿香正气软胶囊 | 药品商品名 | ×× |
|---|---|---|---|
| 生产单位（含配制单位或产地） | | ×× 药业股份有限公司 | |
| 地　址 | ×× 市 ×× 区 ×× 号 | | |
| 制剂规格 | 每粒装 0.45g | 包装规格 | 0.45g×10 粒 ×3 板 |
| 批　号 | 2020958 | 效　期 | 2018 年 12 月 |
| 批准文号 | 国药准字 Z10890019 | | |
| 被抽样单位 | ×× 药业有限公司 | | |
| 地　址 | ×× 市 ×× 区 ×× 号 | | |
| 联系人 | 王 ×× | 电　话 | ××××××××× |
| 1．药品类别：　注：是☑　否☒ | | | |
| （1）☒ 药用原料：□中间体（半成品）　□辅料　□中药材　□饮片　□包装材料 | | | |
| （2）☑ 药品制剂：☒ 抗生素　☒ 生化药　☑ 中成药　☒ 生物制品　☒ 诊断试剂 | | | |
| （3）☒ 特殊药品：□放射性药品　□麻醉药品　□医疗用毒性药品　□精神药品 | | | |
| 2．外包装情况： | | | |
| ☑ 包装无破损；　☑ 无水迹；　☑ 无霉变；　☑ 无虫蛀；　☑ 无污染； | | | |
| 3．抽样地点类别： | | | |
| ☒ 生产单位　☒ 医院制剂　☑ 经营单位（☑ 批发 ☒ 零售）　☒ 医疗机构<br>☑ 仓库　☑ 货架　☒ 其他：＿＿＿＿＿ | | | |
| 药品保存状态：温度 16℃　　湿度 70% | | | |
| 4．抽样情况： | | | |
| （1）样品包装：☒ 玻瓶；　☑ 纸盒；　☒ 塑料袋；　☒ 铝塑；　☒ 其他：＿＿＿＿＿ | | | |
| （2）抽样数量：9 盒 | | | |
| （3）抽样说明：—— | | | |
| 抽样单位经手人签名：张 ××、王 ××　　检验单位经手人签名：周 ××<br><br>被抽样单位经手人签名（盖章）：刘 ×× | | | |

本文书一式三份，一份送达被抽检人，一份交检验机构，一份市场和质量监督管理部门存档。

## 12. 案件审理记录

# 天津市市场和质量监督管理

# 案 件 审 理 记 录

案件名称：①____________________

审理日期：__②__年__月__日

审理地点：③____________________

主 持 人：④____________________职务：____________________

其他审理人员：⑤____________________

________________________________________

列席人员：⑥____________________

记 录 人：____________________

审理记录：⑦____________________

________________________________________

________________________________________

________________________________________

________________________________________

________________________________________

________________________________________

________________________________________

________________________________________

________________________________________

________________________________________

________________________________________

________________________________________

________________________________________

________________________________________

________________________________________

________________________________________

________________________________________

________________________________________

________________________________________

第____页 共____页

案审委审理意见：⑧

审理人员签名：⑨

第____页 共____页

《案件审理记录》是市场监管部门用于记录案件审理委员会审理案件形成处理意见时使用的执法文书。

（1）文书应用范围

依据《天津市市场和质量监督管理行政处罚程序规定》第五十八条第二款：案件审理委员会对案件集体审理应当有书面记录，经参加会议的委员签字确认，存入行政处罚案卷。具备条件的可以同时采集录音、录像等视听资料，作为文字记录的辅助材料存入案卷。凡案件审理委员召开案审会议集体讨论案件均应制作相应的案件审理记录入卷。

（2）填写说明

①案件名称：写明当事人全称+涉嫌违法行为+案（字）。

②写明案件审理日期。

③写明案件审理的具体地点。

④写明主持人姓名、职务。

⑤写明除主持人以外的其他审理人员的姓名。

⑥写明列席人员姓名。一般办案机构负责人及办案人员应当列席。

⑦审理记录。案件审理的主要程序一般为：a．案件承办人员介绍案情。b．案件初审机构负责人对案件初审情况进行介绍。c．审理人员就案情分别发表审理意见。d．主持人根据讨论意见作总结。

⑧形成案审委审理意见。通过案件审理形成决定时，应遵循少数服从多数的原则，不同意见也要记录明确，最终由主持人宣布处理决定。

⑨包括主持人和其他审理人员应分别在案件审理记录上签名。记录人、列席人员不需签名。如审理记录未作修改，可以仅在文书的最后一页签名，以代表对文书全部内容的认可。记录改动处应经改动人或者被改动文字的表述人签名确认。

（3）需要注意的相关问题

1）案件审理记录应该客观、全面记录案审会的情况。一般应采用详细式的记录方式，一定要忠实审理人员所发表意见的原意，不得随意修改、增删审理内容，有不同意见或保留意见的也应记录在案。案审委员不得以任何理由放弃发表审理意见或表示弃权。

2）对于没收物品的处理可以在案审会上讨论，也可以在处罚决定作出后再将物品处理的《行政执法有关事项审批表》报请经机关负责人批准。

3）对于案件审理后当事人提出新的申辩事实及理由的，以及经过听证的案件，办案机构经复核后拟改变原认定的违法事实、理由、依据或者处罚内容的，应当提请案审委重新审理。再审时，应当体现当事人新的申辩事实及理由或有关听证会的内容，重新制作本文书。

4）本文书是内部使用的执法文书，不允许随便查阅，审理意见不得泄露。

# 天津市市场和质量监督管理
# 案 件 审 理 记 录

案件名称：天津市××区××商店（赵××）涉嫌销售侵犯注册商标专用权的白酒案

审理日期：2018年4月25日

审理地点：天津市××区市场和质量监督管理局××会议室

主 持 人：王××　　职务：案审委主任、局长

其他审理人员：陈××、郑××、吴××、高××

列席人员：刘××、李××、张××

记 录 人：周××

审理记录：王××:先请案件承办人员介绍案情及拟处理意见。

李××：当事人因涉嫌销售侵犯注册商标专用权的白酒违法行为，2018年4月7日经批准予以立案，由李××、张××承办此案。现已调查终结，报告如下：

当事人姓名或者单位名称：天津市××区××商店（赵××）

主体资格证件名称及号码：营业执照××××××××××××××××××

住所（经营场所）或者住址：天津市××区××路××号

法定代表人（负 责 人）：赵××

调查的事实:2017年12月1日，当事人从一名推销员(具体情况未知)手中购进“洋河海之蓝”等4种型号白酒12瓶，在店内销售。进货时未索要票据，不能说明商品的合法来源及提供者，也无法联系到当时的供货人。经商标权利人江苏洋河酒厂股份有限公司鉴别，以上白酒非该公司生产，属侵权商品。上述行为满足侵犯注册商标专用权行为的构成要件。本案违法经营额1910元，未售出，无违法所得。

主要证据及证明事项：1.当事人的营业执照、食品经营许可证复印件，经营者赵××身份证复印件，证明当事人的主体资格；2.现场检查笔录、现场照片，证明当事人销售白酒的现场情况；3.江苏洋河酒厂股份有限公司出具的产品鉴别证明书，营业执照、商标注册证复印件，打假人员证明及身份证复印件等材料，证明当事人销售的白酒侵犯了注册商标专用权;4.对授权委托人钱××的询问调查笔录、身份证复印件、授权委托书，证明白酒的购进、销售的事实情节；5.价格标签、违法经营额计算说明，证明涉案白酒的标价及违法经营额。

案件性质及处理建议：当事人上述行为构成了《中华人民共和国商标法》第五十七条第三项“有下列行为之一的，均属侵犯注册商标专用权：……（三）销售侵犯注册商标专用权的商品的”所指的违法行为，依据《中华人民共和国商标法》第六十条第二款“工商行政管理部门处理时，认定侵权行为成立的，责令立即停止侵权行为，没收、销毁侵权商品和主要用于制造侵权商品、伪造注册商标标识的工具，违

第 1 页 共 2 页

法经营额五万元以上的，可以处违法经营额五倍以下的罚款，没有违法经营额或者违法经营额不足五万元的，可以处二十五万元以下的罚款。对五年内实施两次以上商标侵权行为或者有其他严重情节的，应当从重处罚。销售不知道是侵犯注册商标专用权的商品，能证明该商品是自己合法取得并说明提供者的，由工商行政管理部门责令停止销售。”的规定，责令当事人立即停止侵权行为，并对当事人给予以下行政处罚：1.没收侵权的“洋河海之蓝”等4种型号白酒12瓶；2.罚款12.5万元。

王××：请案件初审机构介绍一下初审情况。

郑××：经初步审查，认为该案事实清楚、证据充分、定性准确、适用依据正确、处理适当、程序合法，可以提请案件审理委员会集体审理。

王××：请各位委员发表审理意见。

吴××：本案事实清楚，证据确凿，裁量适当，我同意以上处罚意见。

高××：该公司不存在依法从轻、减轻、从重或不予处罚的情节，拟给予一般处罚，因此我同意以上处罚意见。

郑××：本案事实清楚，证据确凿，裁量适当，适用法律正确，我同意以上处罚意见。

陈××：本案事实清楚，证据确凿，裁量适当，适用法律正确，我同意以上处罚意见。

王××：本案经过讨论，达成一致意见，认为：事实清楚、证据充分、定性准确、适用依据正确、处理适当、程序合法，予以通过。

案审委审理意见：当事人上述行为构成了《中华人民共和国商标法》第五十七条第三项所指的违法行为，依据《中华人民共和国商标法》第六十条第二款的规定，责令当事人立即停止侵权行为，并对当事人给予以下行政处罚：1.没收侵权的“洋河海之蓝”等4种型号白酒12瓶；2.罚款12.5万元。

审理人员签名：王××、陈××、高××、吴××、郑××

第 2 页 共 2 页

# 天津市市场和质量监督管理

# 案 件 审 理 记 录

案件名称：天津 AA 化肥有限公司涉嫌生产以不合格产品冒充合格产品的复合肥料案

审理日期：2018 年 8 月 1 日

审理地点：天津市 ×× 区市场和质量监督管理局 ×× 室

主 持 人：罗 ×× 职务：案审委副主任、副局长

其他审理人员：孙 ××、朱 ××、郝 ×、楫 ×

列席人员：张 ××、刘 ×、王 ×

记 录 人：陈 ××

审理记录：罗 ××：先请案件承办人员介绍案情及拟处理意见。

刘 ×：当事人因涉嫌生产以不合格冒充合格复合肥料的违法行为，2018 年 7 月 8 日经批准予以立案，由刘 ×、陈 ×× 承办此案。现已调查终结，报告如下：

当事人姓名或者单位名称：天津 AA 化肥有限公司

主体资格证件名称及号码：营业执照 1201000006××××

住所（经营场所）或者住址：武 ××

法定代表人（负 责 人）：天津市 ×× 区 ×× 路 ×× 号

调查的事实：当事人 2018 年 6 月 25 日生产的规格为 50kg/ 袋的双效肥（复合肥料）600 袋（共 30 吨），经 ×× 质检站抽样检验，水分指标不符合 GB15063—2009《复混肥料（复合肥料）》的规定，被判定为不合格产品。当事人对检验结果无异议，在复检期内未提出复检申请。当事人未进行出厂检验，就在产品成品包装上印有合格标志，放任了该批次不合格产品的发生。上述行为满足以不合格产品冒充合格产品行为的构成要件。本案货值金额 42000 元，未售出，无违法所得。

主要证据及证明事项：1. 天津 AA 化肥有限公司营业执照复印件、全国工业产品许可证、法定代表人身份证复印件，证明当事人的主体资格;2. 检验报告、（检验、检测、检定、鉴定）委托书、（检验、检测、检定、鉴定）结果告知书、检验机构营业执照复印件、实验室认证证书复印件，证明当事人生产的复合肥料被判定为不合格产品; 3. 询问调查笔录（法定代表人、生产负责人、实验室人员分别询问）、授权委托书、受委托人身份证复印件、在产品包装上印有合格证字样的照片，证明当事人生产以不合格冒充合格的复合肥料的事实情节；4. 现场检查笔录、抽样取证记录、生产日报表、客户订单、货值金额计算说明，证明当事人生产不合格复合肥料的数量。

从轻、减轻、从重处罚的理由：当事人生产的违法产品尚未销售，未造成危害后果，应依据《中华人民共和国行政处罚法》第二十七条第一款第四项和《天津市市场和质量监督管理委员会行政处罚裁量细则（试行）》第二条第二项的规定予以从轻处罚。

第 1 页 共 4 页

案件性质及处理建议：当事人上述行为违反了《中华人民共和国产品质量法》第三十二条“ 生产者生产产品，不得掺杂、掺假，不得以假充真、以次充好，不得以不合格产品冒充合格产品。”的规定，依据《中华人民共和国产品质量法》第五十条“在产品中掺杂、掺假，以假充真，以次充好，或者以不合格产品冒充合格产品的，责令停止生产、销售，没收违法生产、销售的产品，并处违法生产、销售产品货值金额百分之五十以上三倍以下的罚款；有违法所得的，并处没收违法所得；情节严重的，吊销营业执照；构成犯罪的，依法追究刑事责任。”的规定，责令当事人停止生产以不合格产品冒充合格产品的复合肥料行为，并对当事人给予以下行政处罚：1.没收违法生产的30吨双效肥（复合肥料）；2.处违法生产产品货值金额50%的罚款21000元。

罗××：请案件初审机构介绍一下初审情况。

郝××：经初步审查，认为该案事实清楚、证据充分、定性准确、适用依据正确、处理适当、程序合法，可以提请案件审理委员会集体审理。

罗××：请各位委员发表审理意见。

朱××：当事人是何时收到的不合格检验报告？

刘×：当事人是2018年7月8日收到的检验报告，依据《产品质量监督抽查管理办法》第三十五条的规定，“被抽查企业对检验结果有异议的，可以自收到检验结果之日起15日内向组织监督抽查的部门或者其上级质量技术监督部门提出书面复检申请。逾期未提出异议的，视为承认检验结果。”，在复检异议期间，当事人未对检验结果提出异议。

孙××：当事人2018年6月25日生产的规格为50kg/袋的双效肥（复合肥料）经检验不合格，是哪一项指标不合格？不符合哪一个标准规定？

刘×：当事人2018年6月25日生产的规格为50kg/袋的双效肥（复合肥料）经××质检站检验，不合格指标为水分不合格，其不符合GB15063—2009《复混肥料（复合肥料）》的规定。

孙××：GB15063—2009《复混肥料（复合肥料）》是国家强制标准，检验机构依据GB15063—2009判定抽样产品不合格，为什么不依据《产品质量法》第四十九条进行处罚？国家强制标准是保障人体健康和人身、财产安全的标准，当事人是否构成生产不符合保障人体健康和人身、财产安全的国家标准的产品的行为？

刘×：GB15063——2009《复混肥料（复合肥料）》是国家强制标准，但在该标准的前言中有规定，第四章的水分为推荐性条款，该标准不是全文强制。当事人涉案产品水分指标不合格，不符合其外包装明示的GB15063—2009产品标准。

朱××：如何认定当事人存在以不合格冒充合格复合肥料的行为？当事人是否具有主观故意？

刘×：当事人2018年6月25日生产的规格为50kg/袋的双效肥（复合肥料）未进行出厂检验，就在产品成品包装上印有合格标志，放任了该批次不合格产品的发生，当事人构成了以不合格产品冒充合格产品的行为构成要件，具有主观故意。

第 2 页 共 4 页

郝××：产品不合格是产品质量的一种客观状况，而生产者以不合格产品冒充合格产品，则是一种质量欺诈行为，两者之间有着本质的区别。对“生产不符合保障人体健康、人身财产安全的国家标准、行业标准的产品”，在定性时就没有必要考虑其主观方面。而“以不合格产品冒充合格产品”则不同，主观故意是违法行为的构成要件。也就是说，“产品质量不合格＋主观故意”，是定性为以不合格产品冒充合格产品并适用《产品质量法》第五十条处罚的必要条件。当然，取得行为人故意违法的证据有一定的困难，需要我们做扎实细致的调查工作。不能因为有困难就曲解法律，置行政处罚的合法性、合理性于不顾。行政处罚应当罚当其过，不枉不纵。在本案中，如何证明当事人未进行出厂检验，案件承办人员获取哪些证据证明其主观故意？

刘×：当事人无法提供涉案产品的出厂检验记录，执法人员对当事人实验室人员及法定代表人分别进行了询问调查，印证了当事人对涉案产品未进行出厂检验就放行进入该单位的成品库待销区；在涉案的产品的外包装上印有合格证，对消费者明示担保为合格品；涉案产品经检验，水分指标不合格。综合上述证据，当事人放任了该批次不合格产品的发生，具有“以不合格产品冒充合格产品”的主观故意。

楫×：在行政处罚裁量上是如何考量的？

刘×：当事人生产的违法产品尚未销售，未造成危害后果，应依据《中华人民共和国行政处罚法》第二十七条第一款第四项和《天津市市场和质量监督管理委员会行政处罚裁量细则（试行）》第二条第二项的规定予以从轻处罚。

郝××：对于当事人是否涉刑犯罪？案件追诉标准是如何规定的？承办部门是如何认定的？请说明理由。

刘×：当事人2018年6月25日生产的规格为50kg/袋的双效肥（复合肥料）共计30吨，每吨销售价格为1400元，货值金额为42000元，无违法所得。依据《中华人民共和国刑法》第一百四十条、最高人民检察院、公安部《关于公安机关管辖的刑事案件立案追诉标准的规定（一）》（公通字（2008）36号）第十六条的规定，不构成生产、销售伪劣产品罪的追诉条件。其中《关于公安机关管辖的刑事案件立案追诉标准的规定（一）》（公通字（2008）36号）第十六条第一款的规定是：“第十六条［生产、销售伪劣产品案（刑法第一百四十条）］生产者、销售者在产品中掺杂、掺假，以假充真，以次充好或者以不合格产品冒充合格产品，涉嫌下列情形之一的，应予立案追诉：（一）伪劣产品销售金额五万元以上的；（二）伪劣产品尚未销售，货值金额十五万元以上的；（三）伪劣产品销售金额不满五万元，但将已销售金额乘以三倍后，与尚未销售的伪劣产品货值金额合计十五万元以上的”，在本案中，当事人涉案产品未销售，没有销售金额，其货值金额为42000元，不符合上述追诉标准。因此，本案不需要移送公安部门追刑。

朱××：按照《产品质量法》第五十条的规定，有违法所得的，并处没收违法所得，本案当事人是否有违法所得？另外，对于销售价格是如何认定的？

第 3 页 共 4 页

刘×：当事人生产的复合肥料没有出厂销售，没有违法所得。销售价格是根据当事人与第三方公司签订供货合同对于销售价格的约定进行的认定。

罗××：各位案审委员对于本案还有什么意见？

孙××：没有意见了，同意。

朱××：同意。

郝×：同意。

楫×：同意。

罗××：本案经过讨论，达成一致意见，认为：事实清楚、证据充分、定性准确、适用依据正确、处理适当、程序合法，予以通过。

案审委审理意见：依据《中华人民共和国产品质量法》第五十条的规定，责令当事人停止生产以不合格产品冒充合格产品的复合肥料行为，并对当事人给予以下行政处罚：1.没收违法生产的30吨双效肥（复合肥料）；2.处违法生产产品货值金额50%的罚款21000元。

审理人员签名：罗××、孙××、朱××、郝×、楫×

第 4 页 共 4 页

# 天津市市场和质量监督管理
# 案 件 审 理 记 录

案件名称：××医药公司涉嫌从无《药品生产许可证》《药品经营许可证》的企业购进感愈胶囊等药品案

审理日期：2018年×月×日

审理地点：天津市××区市场和质量监督管理局××室

主 持 人：马×× 职务：案审委主任、局长

其他审理人员：郝××、赵××、孙××、刘××

列席人员：陈××、张××、王××

记 录 人：李××

审理记录：马××：先请案件承办人员介绍案情及拟处理意见。

张××：当事人因涉嫌从无《药品生产许可证》《药品经营许可证》的企业购进感愈胶囊等药品违法行为，2018年×月×日经批准予以立案，由张××、王××承办此案。现已调查终结，报告如下：

当事人姓名或者单位名称：××医药有限公司

主体资格证件名称及号码：营业执照××××××××××××××××××

住所（经营场所）或者住址：天津市××区××路××号

法定代表人（负 责 人）：蒙××

调查的事实：当事人经营的感愈胶囊等3种药品无法提供购进药品的票据和供货单位资质证明，当事人承认×年×月×日购进该批药品时没有索取任何资质证明和购进票据，剩余药品110盒。上述行为满足从无《药品生产许可证》、《药品经营许可证》的企业购进药品行为的构成要件。本案货值金额1450元，违法所得450元。

主要证据及证明事项：1.该公司的营业执照、药品经营许可证复印件，法定代表人蒙××身份证复印件，证明当事人的主体资格；2.现场检查笔录、现场照片，证明当事人销售感愈胶囊等药品现场情况；3.对蒙××的询问调查笔录，证明当事人从无《药品生产许可证》《药品经营许可证》的企业购进感愈胶囊等药品的事实情节；4.销售票据、货值金额和违法所得计算说明，证明本案货值金额和违法所得数额。

案件性质及处理建议：当事人上述行为违反了《中华人民共和国药品管理法》第三十四条“药品生产企业、药品经营企业、医疗机构必须从具有药品生产、经营资格的企业购进药品；但是，购进没有实施批准文号管理的中药材除外。”的规定，依据《中华人民共和国药品管理法》第七十九条“药品的生产企业、经营企业或者医疗机构违反本法第三十四条的规定，从无《药品生产许可证》《药品经营许可证》的企业

第 1 页 共 2 页

购进药品的，责令改正，没收违法购进的药品，并处违法购进药品货值金额二倍以上五倍以下的罚款；有违法所得的，没收违法所得；情节严重的，吊销《药品生产许可证、《药品经营许可证》或者医疗机构执业许可证书。”规定，对当事人给予以下行政处罚：1.没收违法购进的感愈胶囊等3种药品110盒;2.没收违法所得450元；3.处违法购进药品货值金额3.5倍的罚款5075元。

马××：请案件初审机构介绍一下初审情况。

赵××：经初步审查，认为该案事实清楚、证据充分、定性准确、适用依据正确、处理适当、程序合法，可以提请案件审理委员会集体审理。

马××：请各位委员发表审理意见。

郝××：本案事实清楚，证据确凿，裁量适当，我同意以上处罚意见。

赵××：该公司不存在依法从轻、减轻、从重或不予处罚的情节，拟给予一般处罚，即处罚幅度为3.5倍，因此我同意以上处罚意见。

孙××：本案事实清楚，证据确凿，裁量适当，适用法律正确，我同意以上处罚意见。

刘××：本案事实清楚，证据确凿，裁量适当，适用法律正确，我同意以上处罚意见。

马××：本案经过讨论，达成一致意见，认为：事实清楚、证据充分、定性准确、适用依据正确、处理适当、程序合法，予以通过。

案审委审理意见：当事人上述行为违反了《中华人民共和国药品管理法》第三十四条的规定，依据《中华人民共和国药品管理法》第七十九条的规定，对当事人给予以下行政处罚：1.没收违法购进的感愈胶囊等3种药品110盒;2.没收违法所得450元；3.处货值金额3.5倍的罚款5075元。

审理人员签名：马××、郝××、赵××、孙××、刘××

第 2 页 共 2 页

## 13. 听证笔录

# 天津市市场和质量监督管理
# 听 证 笔 录

案件名称：____①____________________

听证时间：__②__年__月__日__时__分至__时__分

听证地点：______③______________

听证主持人：____④______________

记录员：______⑤______ 听证方式：____⑥______

办案人员：____⑦______________

当事人姓名或单位名称：____⑧______________

法定代表人（负责人）：____________________

住址：____________________

委托代理人：____⑨______________

住址：____________________

____________________

住址：____________________

听证过程：

记录员：现在宣布听证纪律：（一）听证参加人和旁听人员不准喧哗、吵闹和随意走动；（二）未经主持人允许，不准随便发言；（三）未经主持人允许，不准录音、录像和摄影。报告听证主持人，听证准备就绪。

听证主持人：当事人（委托代理人）和办案人员均已到场。现在宣布听证会开始进行。我们今天组织的这次听证会是因__________________申请而举行的。本次听证主持人是__________（其中，__________是首席听证主持人），记录员是__________。当事人（委托代理人）请注意，当事人在听证过程中有权申请听证主持人、记录员回避，回避的条件是：（一）是本案的当事人；（二）是本案当事人的近亲属；（三）与本案有直接利害关系。依据这些条件，请问当事人（委托代理人）申请回避吗？

当事人（委托代理人）：____________________

____________________

____________________

当事人（委托代理人）签名：____________________ 年 月 日

办案人员签名：____________________ 年 月 日

听证主持人签名：____________________ 年 月 日

其他参加人签名：⑩____________________ 年 月 日

第____页 共____页

当事人（委托代理人）：本听证笔录已经本人审核、补正，无误。

当事人（委托代理人）签名：＿＿＿＿＿＿＿＿

办案人员签名：＿＿＿＿＿＿＿＿

听证主持人签名：＿＿＿＿＿＿＿＿

其他参加人签名：＿＿＿＿＿＿＿＿

第＿＿页　共＿＿页

《听证笔录》是市场监管部门记录听证过程的书面文书。

（1）文书应用范围

制作听证笔录是《中华人民共和国行政处罚法》第四十二条和《天津市市场和质量监督管理行政处罚程序规定》第六十九条的明确要求。

（2）填写说明

①中填入案件名称，一般由“当事人姓名或者名称+涉嫌违法行为性质+案”组成。

②中填入听证会举行的时间。

③中填入听证会举行的地点。

④中填入由机关负责人指定的听证主持人姓名。

⑤填入由听证主持人指定的记录员的姓名，具体承担听证准备和听证记录工作。

⑥填写“公开听证”或“非公开听证”。除涉及国家秘密、商业秘密或者个人隐私外，听证应当公开举行。公开听证的，应在举行听证前将听证的时间、地点、案由进行公告。

⑦填入行政处罚案件的办案人员的姓名。

⑧中填入听证当事人的姓名或者名称。要求举行听证的公民、法人或者非法人组织是听证的当事人，其范围一般仅限于行政处罚行为的直接相对人。

⑨有法定代理人、委托代理人的填写，如无，划斜杠线。

⑩其他听证参加人员指参加听证的证人或者鉴定人。上述人员未参加听证的，此项不填写。

（3）需要注意的相关问题

1）听证之前要作好准备工作。要认真阅读案卷，熟悉案情，掌握案情的重点和关键，以及有关法律、法规、规章、地名、人名等，以便听证时能迅速掌握和记录各方的发言。

2）要如实记录。如实记录是对任何种类笔录的共同的、基本的要求，《听证笔录》也不例外。其要求就是要从始至终忠实记录听证的组织、进展过程、情况，以及有关各方的发言。

3）笔录要清楚明白，尽量体现出听证按程序、分阶段进行的特征，即在笔录正文栏可以按听证进展过程分几个分栏记录：第一，听证主持人宣布听证开始的情况，包括告知当事人申请主持人、记录员回避权的适用情况。第二，办案人员关于当事人违法的事实、证据、依据以及处罚建议的陈述。第三，当事人及其代理人的陈述和申辩。第四，相互的质证和辩论。第五，办案人员、当事人的最后意见，即最后陈述。第六，出现听证延期、中止、放弃情况的，该情况产生的原因、过程即相关决定。

4）记录应当突出重点。对各方存在争议的地方及围绕争议所展开的质证和辩论，应当详细记录。特别要将关于证据的部分进行详尽的记录，如证据的来源、形式、证明目的、各方对于证据的质证情况等。要力求《听证笔录》的客观性和完整性。不应当根据记录员的主观判断或者听证会上各方观点对于某些可能与本案无关的证据或者理由进行舍弃。

5）记录应当完整，不得缺少法定的要件和程序。

6）依据《天津市市场和质量监督管理行政处罚程序规定》的要求，听证结束后，听证笔录应当经听证参加人审核无误或者补正后，由听证参加人当场签名或者盖章；拒绝签名或者盖章的，在听证笔录中予以载明。首页页脚的签名处均应注明日期，续页仅需签名即可。需要更正的，在涂改部分要由当事人或者其委托代理人以签名、盖章、按手印等方式确认。

# 天津市市场和质量监督管理

# 听 证 笔 录

案件名称：天津市 ×× 区 ×× 商店（赵 ××）涉嫌销售侵犯注册商标专用权的白酒案

听证时间：2018 年 5 月 6 日 9 时 0 分至 9 时 50 分

听证地点：天津市 ×× 区 ×× 市场和质量监督管理局 ×× 会议室

听证主持人：郑 ××

记录员：周 ××　　听证方式：公开听证

办案人员：李 ××、张 ××

当事人姓名或单位名称：天津市 ×× 区 ×× 商店（赵 ××）

法定代表人（负责人）：赵 ××

住址：天津市 ×× 区 ×× 路 ×× 号

委托代理人：蒋 ××

住址：天津市 ×× 区 ×× 路 ×× 号

/

住址：/

听证过程：

记录员：现在宣布听证纪律：（一）听证参加人和旁听人员不准喧哗、吵闹和随意走动；（二）未经主持人允许，不准随便发言；（三）未经主持人允许，不准录音、录像和摄影。报告听证主持人，听证准备就绪。

听证主持人：当事人（委托代理人）和办案人员均已到场。现在宣布听证会开始进行。我们今天组织的这次听证会是因天津市 ×× 区 ×× 商店（赵 ××）申请而举行的。本次听证主持人是郑 ××，记录员是周 ××。当事人（委托代理人）请注意，当事人在听证过程中有权申请听证主持人、记录员回避，回避的条件是：（一）是本案的当事人；（二）是本案当事人的近亲属；（三）与本案有直接利害关系。依据这些条件，请问当事人（委托代理人）申请回避吗？

当事人（委托代理人）：不申请回避。

听证主持人：首先由办案人员提出当事人违法的事实、证据、依据以及行政处罚建议。

办案人员（李 ××）：调查的事实：2017 年 12 月 1 日，当事人从一名推销员（具体情况未知）手中购进“洋河海之蓝”等 4 种型号白酒 12 瓶，在店内销售。进货时未索要票据，不能说明商品的合法来源及提供者，也无法联系到当时的供货人。经商标权利人江苏洋河酒厂股份有限公司鉴别，以上白酒非该公司生产，属侵权商品。上述行为满足侵犯注册商标专用权行为的构成要件。本案违法经营额 1910 元，未售出，无违法所得。

当事人（委托代理人）签名：赵 ××、蒋 ××　　2018 年 5 月 6 日

办案人员签名：李 ××、张 ××　　2018 年 5 月 6 日

听证主持人签名：郑 ××　　2018 年 5 月 6 日

其他参加人签名：　　年　月　日

第 1 页　共 5 页

主要证据及证明事项：1.当事人的营业执照、食品经营许可证复印件，经营者赵××身份证复印件，证明当事人的主体资格；2.现场检查笔录、现场照片，证明当事人销售白酒的现场情况；3.江苏洋河酒厂股份有限公司出具的产品鉴别证明书，营业执照、商标注册证复印件，打假人员证明及身份证复印件等材料，证明当事人销售的白酒侵犯了注册商标专用权；4.对授权委托人钱××的询问调查笔录、身份证复印件、授权委托书，证明白酒的购进、销售的事实情节；5.价格标签、违法经营额计算说明，证明涉案白酒的标价及违法经营额。

案件性质及处理建议：当事人上述行为构成了《中华人民共和国商标法》第五十七条第三项“有下列行为之一的，均属侵犯注册商标专用权：……（三）销售侵犯注册商标专用权的商品的”所指的违法行为，依据《中华人民共和国商标法》第六十条第二款“工商行政管理部门处理时，认定侵权行为成立的，责令立即停止侵权行为，没收、销毁侵权商品和主要用于制造侵权商品、伪造注册商标标识的工具，违法经营额五万元以上的，可以处违法经营额五倍以下的罚款，没有违法经营额或者违法经营额不足五万元的，可以处二十五万元以下的罚款。对五年内实施两次以上商标侵权行为或者有其他严重情节的，应当从重处罚。销售不知道是侵犯注册商标专用权的商品，能证明该商品是自己合法取得并说明提供者的，由工商行政管理部门责令停止销售。”的规定，责令当事人立即停止侵权行为，并对当事人给予以下行政处罚：1.没收侵权的“洋河海之蓝”等4种型号白酒12瓶；2.罚款12.5万元。

听证主持人：下面由当事人及其代理人进行陈述和申辩。

当事人（赵××）：由我的委托代理人发言。

委托代理人（蒋××）：________________

当事人（委托代理人）签名：赵××、蒋××

办案人员签名：李××、张××

听证主持人签名：郑××

其他参加人签名：________

听证主持人：下面由双方质证。办案人员请出示相关证据。

办案人员（李 ××）：1. 当事人的营业执照、食品经营许可证复印件，经营者赵 ×× 身份证复印件，请过目。

听证主持人：当事人及委托代理人对以上证据的真实性、合法性有何意见？

当事人（赵 ××）、委托代理人（蒋 ××）：没有意见。

听证主持人：请办案人员继续举证。

办案人员（李 ××）：2. 现场检查笔录、现场照片，请过目。

听证主持人：当事人及委托代理人对以上证据的真实性、合法性有何意见？

当事人（赵 ××）、委托代理人（蒋 ××）：没有意见。

听证主持人：请办案人员继续举证。

办案人员（李 ××）：3. 江苏洋河酒厂股份有限公司出具的产品鉴别证明书，营业执照、商标注册证复印件，打假人员证明及身份证复印件等材料，请过目。

听证主持人：当事人及委托代理人对以上证据的真实性、合法性有何意见？

当事人（赵 ××）、委托代理人（蒋 ××）：没有意见。

听证主持人：请办案人员继续举证。

办案人员（李 ××）：4. 对授权委托人钱 ×× 的询问调查笔录、身份证复印件、授权委托书，请过目；

听证主持人：当事人及委托代理人对以上证据的真实性、合法性有何意见？

当事人（赵 ××）、委托代理人（蒋 ××）：没有意见。

听证主持人：请办案人员继续举证。

办案人员（李 ××）：5. 价格标签、违法经营额计算说明，请过目。

听证主持人：当事人及委托代理人对以上证据的真实性、合法性有何意见？

当事人（赵 ××）、委托代理人（蒋 ××）：没有意见。

听证主持人：下面请当事人及委托代理人出示相关证据。

委托代理人（蒋 ××）：

听证主持人：办案人员对此有何意见？

办案人员（李 ××）：

当事人（委托代理人）签名：赵 ××、蒋 ××

办案人员签名：李 ××、张 ××

听证主持人签名：郑 ××

其他参加人签名：

第 3 页 共 5 页

听证主持人：当事人及委托代理人还有其他证据吗？

当事人（赵××）、委托代理人（蒋××）：没有了。

听证主持人：下面进行互相辩论。首先请办案人员发言。

办案人员（李××）：

听证主持人：下面由当事人及其委托代理人发言。

委托代理人（蒋××）：

听证主持人：办案人员，你们对本案还有什么意见？

办案人员（李××）：

听证主持人：当事人，还有没有需要补充的意见？

当事人（赵××）：没有了。

听证主持人：委托代理人，还有没有需要补充的意见？

当事人（蒋××）：没有了。

听证主持人：互相辩论阶段结束，下面进入最后陈述环节。首先由办案人员作最后陈述。

办案人员（李××）：对当事人的调查事实清楚、证据确凿、依据充分，我们坚持行政处罚事先告知书的拟处罚内容。

听证主持人：李××作了发言，张××还有没有需要补充的意见？

办案人员（张××）：没有了。

听证主持人：请当事人作最后陈述。

当事人（赵××）：

听证主持人：当事人赵××作了陈述，委托代理人蒋××还有没有补充意见？

当事人（委托代理人）签名：赵××、蒋××

办案人员签名：李××、张××

听证主持人签名：郑××

其他参加人签名：

第 4 页 共 5 页

委托代理人（蒋××）：没有了。
听证主持人：现在宣布听证会到此结束。
（以下空白）

当事人（委托代理人）：本听证笔录已经本人审核、补正，无误。
当事人（委托代理人）签名：赵××、蒋××
办案人员签名：李××、张××
听证主持人签名：郑××
其他参加人签名：

第 5 页　共 5 页

# 天津市市场和质量监督管理

# 听 证 笔 录

案件名称：天津AA化肥有限公司涉嫌生产以不合格产品冒充合格产品的复合肥料案

听证时间：2018年8月11日9时0分至11时0分

听证地点：天津市××区市场和质量监督管理局二楼会议室

听证主持人：郝×

记录员：魏×　　听证方式：公开听证

办案人员：刘×、陈××

当事人姓名或单位名称：天津AA化肥有限公司

法定代表人（负责人）：武××

住址：天津市××区××街××小区××号楼××单元

委托代理人：/

住址：/

/

住址：/

听证过程：

记录员：现在宣布听证纪律：（一）听证参加人和旁听人员不准喧哗、吵闹和随意走动；（二）未经主持人允许，不准随便发言；（三）未经主持人允许，不准录音、录像和摄影。报告听证主持人，听证准备就绪。

听证主持人：当事人（委托代理人）和办案人员均已到场。现在宣布听证会开始进行。我们今天组织的这次听证会是因天津AA化肥有限公司申请而举行的。本次听证主持人是郝×，记录员是魏× 。当事人（委托代理人）请注意，当事人在听证过程中有权申请听证主持人、记录员回避，回避的条件是：（一）是本案的当事人；（二）是本案当事人的近亲属；（三）与本案有直接利害关系。依据这些条件，请问当事人（委托代理人）申请回避吗?

当事人（委托代理人）：不申请回避。

听证主持人:首先由办案人员提出当事人违法的事实、证据、依据以及行政处罚建议。

办案人员（刘×）：调查的事实：当事人2018年6月25日生产的规格为50kg/袋的双效肥（复合肥料）600袋（共30吨），经××质检站抽样检验，水分指标不符合GB 15063—2009《复混肥料（复合肥料）》的规定，被判定为不合格产品。当事人对检验结果无异议，在复检期内未提出复检申请。当事人未进行出厂检验，就在产品成品包装上印有合格标志，放任了该批次不合格产品的发生。上述行为满足以不合格产品冒充合格产品行为的构成要件。本案货值金额42000元，未售出，无违法所得。

当事人（委托代理人）签名：武××　　2018年8月11日

办案人员签名：刘×、陈××　　2018年8月11日

听证主持人签名：郝×　　2018年8月11日

其他参加人签名：　　年　月　日

第1页　共5页

主要证据及证明事项：1.天津AA化肥有限公司营业执照复印件、全国工业产品许可证、法定代表人身份证复印件，证明当事人的主体资格;2.检验报告、（检验、检测、检定、鉴定）委托书、（检验、检测、检定、鉴定）结果告知书、检验机构营业执照复印件、实验室认证证书复印件，证明当事人生产的复合肥料被判定为不合格产品；3.询问调查笔录（法定代表人、生产负责人、实验室人员分别询问）、授权委托书、受委托人身份证复印件、在产品包装上印有合格证字样的照片，证明当事人生产以不合格冒充合格的复合肥料的事实情节；4.现场检查笔录、抽样取证记录、生产日报表、客户订单、货值金额计算说明，证明当事人生产以不合格产品冒充合格产品的复合肥料的数量。

从轻、减轻、从重处罚的理由：当事人生产的违法产品尚未销售，未造成危害后果，应依据《中华人民共和国行政处罚法》第二十七条第一款第四项和《天津市市场和质量监督管理委员会行政处罚裁量细则（试行）》第二条第一项的规定予以从轻处罚。

案件性质及处理建议：当事人上述行为违反了《中华人民共和国产品质量法》第三十二条“ 生产者生产产品，不得掺杂、掺假，不得以假充真、以次充好，不得以不合格产品冒充合格产品。”的规定，依据《中华人民共和国产品质量法》第五十条“在产品中掺杂、掺假，以假充真，以次充好，或者以不合格产品冒充合格产品的，责令停止生产、销售，没收违法生产、销售的产品，并处违法生产、销售产品货值金额百分之五十以上三倍以下的罚款；有违法所得的，并处没收违法所得；情节严重的，吊销营业执照；构成犯罪的，依法追究刑事责任。 ”的规定，责令当事人停止生产以不合格冒充合格的产品行为，并当事人给予以下行政处罚：1.没收违法生产的30吨双效肥（复合肥料）；2.处违法生产产品货值金额50%的罚款21000元。

听证主持人：下面由当事人进行陈述和申辩。

当事人：我方对于办案人员认定我单位生产以不合格冒充合格复合肥料的行为认定不予认可，认为其证据不确凿，认定事实不清。产品不合格是产品质量的一种客观状况，而生产者以不合格产品冒充合格产品，则是一种质量欺诈行为，两者之间有着本质的区别。“以不合格产品冒充合格产品”，主观故意是违法行为的构成要件。也就是说，“产品质量不合格＋主观故意”，是定性为以不合格产品冒充合格产品并适用《产品质量法》第五十条处罚的必要条件。我单位生产一直比较稳定，多年产品质量也未出现质量事故，赢得市场和用户的口碑。此次被查的复合肥料，是依据和客户的订单生产，因为交货期比较紧，所以未进行出厂检验就放行进入成品库待销区，并张贴合

当事人（委托代理人）签名：武××

办案人员签名：刘×、陈××

听证主持人签名：郝×

其他参加人签名：________

第 2 页 共 5 页

格证。我单位从本意上从未有恶意欺诈和故意隐瞒不合格的意愿，办案人员不能曲解法律，置行政处罚的合法性、合理性于不顾，行政处罚应当罚当其过，不枉不纵。

我方认为，我单位2018年6月25日生产的复合肥料，产品不符合包装明示的产品标准GB 15063—2009《复混肥料（复合肥料）》，水分不合格为推荐性指标，非强制性指标，生产者无主观过错和过失，无法定性为“以不合格产品冒充合格产品生产”，不适用《产品质量法》第五十条的罚则，生产者行为不属于严重质量问题，属于一般质量问题。依据《产品质量法》第十七条第一款“依据本法规定进行监督抽查的产品质量不合格的，由实施监督抽查的产品质量监督部门责令其生产者、销售者限期改正。逾期不改正的，由省级以上人民政府产品质量监督部门予以公告；公告后经复查仍不合格的，责令停业，限期整顿；整顿期满后经复查产品质量仍不合格的，吊销营业执照。”责令限期改正，不予行政处罚。

听证主持人：下面由双方质证。办案人员请出示相关证据。

办案人员(刘×)：1.天津AA化肥有限公司营业执照复印件、全国工业产品许可证、法定代表人身份证复印件，请过目。

听证主持人：当事人对以上证据的真实性、合法性有何意见?

当事人：没有意见。

听证主持人：请办案人员继续举证。

办案人员（刘×）：2.《检验报告》（肥监17-006）、（检验、检测、检定、鉴定）结果告知书、检验机构营业执照复印件、实验室认证证书复印件，请过目。

听证主持人：当事人委托代理人对以上证据的真实性、合法性有何意见?

当事人：没有意见。

听证主持人：请办案人员继续举证。

办案人员（刘×）：3.询问调查笔录（法定代表人、生产负责人、实验室人员分别询问）、授权委托书、受委托人身份证复印件、在产品包装上印有合格证字样的照片，请过目。

听证主持人：当事人委托代理人对以上证据的真实性、合法性有何意见?

当事人：对于真实性、合法性没有意见。但我方认为以上证据与所要证明的事项之间没有关联性。

听证主持人：请办案人员继续举证。

办案人员（刘×）：4.现场检查笔录、抽样取证记录、生产日报表、客户订单、

当事人（委托代理人）签名：武××

办案人员签名：刘×、陈××

听证主持人签名：郝×

其他参加人签名：

第 3 页 共 5 页

货值金额计算说明，请过目。

听证主持人：下面请当事人出示相关证据。

当事人：没有可提供的证据。

听证主持人：下面进行互相辩论。首先请办案人员发言。

办案人员（刘×）：我们完全不同意当事人的申辩意见。当事人2018年6月25日生产的规格为50kg/袋的双效肥（复合肥料）未进行出厂检验，就在产品成品包装上印有合格标志，放任了该批次不合格产品的发生，当事人构成了以不合格产品冒充合格产品的行为构成要件。未进行检验就以合格品对外销售，而实际产品是不合格的，这就是其主观故意的行为。《中华人民共和国产品质量法》的生产者的产品质量责任和义务中明确规定，生产者应当对其生产的产品质量负责，产品质量应当符合在产品或者其包装上注明采用的产品标准，生产者生产产品，不得掺杂、掺假，不得以假充真、以次充好，不得以不合格产品冒充合格产品。当事人无法提供出厂检验合格报告，并且通过对当事人法定代表人、实验室人员的询问调查，当事人未对涉案产品进行出厂检验就放行，在产品包装上印有合格证字样，经过检验机构的抽样检验涉案产品不符合GB 15063-2009《复混肥料（复合肥料）》的规定，判定不合格产品，所有证据都标明当事人主观上没有认真履行生产者的法定责任，放任不合格品的发生，所以我单位的事实认定清楚。《产品质量法》第五十条“以不合格产品冒充合格产品”，主观故意是违法行为的构成要件。当事人违反了《中华人民共和国产品质量法》第三十二条的规定，依据《中华人民共和国产品质量法》第五十条进行处罚，法律依据正确。

听证主持人：下面由当事人发言。

听证主持人：下面由办案人员发言。

办案人员（刘×）：

听证主持人：下面由当事人发言。

当事人：

听证主持人：办案人员，你们对本案还有什么意见？

办案人员（刘×）：

听证主持人：当事人，还有没有需要补充的意见？

当事人：没有了。

听证主持人：互相辩论阶段结束，下面进入最后陈述环节。首先由办案人员作最后陈述。

当事人（委托代理人）签名：武××

办案人员签名：刘×、陈××

听证主持人签名：郝×

其他参加人签名：

第 4 页　共 5 页

办案人员（刘××）：对当事人的调查事实清楚、证据确凿、依据充分，我们坚持行政处罚事先告知书的拟处罚内容。

听证主持人：刘××作了发言，陈××还有没有需要补充的意见?

办案人员（陈××）：没有了。

听证主持人：请当事人作最后陈述。

当事人：我方坚持认为对于办案人员认定我单位生产以不合格产品冒充合格产品的复合肥料的行为认定不予认可，认为其证据不确凿，事实不清。生产者行为不属于严重质量问题，属于一般质量问题。应当依据《产品质量法》第十七条第一款的规定，责令限期改正，不予行政处罚。

听证主持人：现在宣布听证会到此结束。

（以下空白）

当事人（委托代理人）：本听证笔录已经本人审核、补正，无误。

当事人（委托代理人）签名：武××

办案人员签名：刘×、陈××

听证主持人签名：郝×

其他参加人签名：

第 5 页 共 5 页

# 天津市市场和质量监督管理

# 听 证 笔 录

案件名称：××皮肤专科医院涉嫌从无《药品生产许可证》《药品经营许可证》的企业购进药品案

听证时间：2018年6月20日9时00分至10时10分

听证地点：××市场和质量监督管理局××室

听证主持人：陈××

记录员：范××　　听证方式：公开听证

办案人员：周××、王××

当事人姓名或单位名称：××皮肤专科医院

法定代表人（负责人）：白××

住址：××区××路××号

委托代理人：黎××

住址：××区××路××号

/

住址：/

听证过程：

记录员：现在宣布听证纪律：（一）听证参加人和旁听人员不准喧哗、吵闹和随意走动；（二）未经主持人允许，不准随便发言；（三）未经主持人允许，不准录音、录像和摄影。报告听证主持人，听证准备就绪。

听证主持人：当事人（委托代理人）和办案人员均已到场。现在宣布听证会开始进行。我们今天组织的这次听证会是因××皮肤专科医院申请而举行的。本次听证主持人是陈××，记录员是范××。当事人（委托代理人）请注意，当事人在听证过程中有权申请听证主持人、记录员回避，回避的条件是：（一）是本案的当事人；（二）是本案当事人的近亲属；（三）与本案有直接利害关系。依据这些条件，请问当事人（委托代理人）申请回避吗？

当事人（委托代理人）：不申请回避。

听证主持人：首先由办案人员提出当事人违法的事实、证据、依据以及行政处罚建议。

办案人员（周××）：调查的事实：

当事人（委托代理人）签名：白××、黎××　　2018年6月20日

办案人员签名：周××、王××　　2018年6月20日

听证主持人签名：陈××　　2018年6月20日

其他参加人签名：　　年　月　日

第1页　共5页

主要证据及证明事项：

案件性质及处理建议：

听证主持人：下面由当事人及其代理人进行陈述和申辩。

当事人（白××）：我院从××曙光化工企业集团公司购进复方醋酸地赛米松乳膏等10个品规的药品是由该公司所属子公司利发制药有限公司生产的合格药品，购进渠道是正常的。我们有书面报告，由黎××补充发言。

委托代理人（黎××）：我宣读陈述、申辩意见。

当事人（委托代理人）签名：白××、黎××

办案人员签名：周××、王××

听证主持人签名：陈××

其他参加人签名：

第 2 页 共 5 页

听证主持人：下面由双方质证。办案人员请出示相关证据。

办案人员（周××）：1.　　　　　　　　，请过目。

听证主持人：当事人及委托代理人对以上证据的真实性、合法性有何意见？

当事人（白××）、委托代理人（黎××）：没有意见。

听证主持人：请办案人员继续举证。

办案人员（周××）：2.　　　　　　　　，请过目。

听证主持人：当事人及委托代理人对以上证据的真实性、合法性有何意见？

当事人（白××）、委托代理人（黎××）：没有意见。

听证主持人：请办案人员继续举证。

办案人员（周××）：3.　　　　　　　　　　，请过目。

听证主持人：下面请当事人及委托代理人出示相关证据。

当事人（白××）：

听证主持人：办案人员对此有何意见？

办案人员（周××）：

听证主持人：当事人及委托代理人还有其他证据吗？

当事人（白××）、委托代理人（黎××）：没有了。

听证主持人：下面进行互相辩论。首先请办案人员发言。

办案人员（周××）：××曙光化工企业集团公司与子公司都是独立承担法律责任的企业，子公司利发制药有限公司有药品生产资格，集团公司有医疗器械经营资格，却没有药品生产资格，因此集团公司的销售人员不能以集团公司的名义销售利发制药有限公司生产的药品，而只能以利发制药有限公司的名义销售其药品。集团公司经销子公司——利发制药有限公司的药品的行为应为无证经营行为，违反了《中华人民共和国药品管理法》第十四条规定，应按《中华人民共和国药品管理法》第七十二条的规定处罚。由于××曙光化工企业集团公司不属于我局管辖范围，该案已移送有管辖权的××市场和质量监督管理局处理。××市皮肤专科医院从无《药品经营许可证》的××曙光化工企业集团公司购进药品，其行为违反了《中华人民共和国药品管理法》

当事人（委托代理人）签名：白××、黎××

办案人员签名：周××、王××

听证主持人签名：陈××

其他参加人签名：

第 3 页　共 5 页

第三十四条规定，应依据《中华人民共和国药品管理法》第七十九条规定进行行政处罚。

听证主持人：下面由当事人及其委托代理人发言。

委托代理人（黎 ××）：我是分管业务的副院长，客观上存在管理不到位，把关不严的问题。我院从 ×× 曙光化工企业集团公司购进药品的行为，虽然这一事实成立，但从集团公司购进的复方醋酸地赛米松乳膏等药品，还未使用就被 ×× 市食品药品监督管理局查封扣押。你们没有证据证明这批药品有质量问题，其药品本身的确也不存在质量问题，但还是采取了查封扣押行政强制措施，这是不符合《中华人民共和国药品管理法》第六十五条第二款规定的适用范围的。你局拟处以“没收药品，罚款 6 万元”的行政处罚，显然量罚过重，采取责令改正的方式足以达到教育的目的。我们在书面陈述、申辩意见中已表明了这一观点。

听证主持人：办案人员，你们对本案还有什么意见?

办案人员（周 ××）：随着经济社会的发展，药品经营方式日趋多元化，企业改革的不断深入，经营方式呈灵活多变之势。但是，经营方式的多样化同样受法律的约束。×× 曙光化工企业集团公司在行使统一销售权时，应按照《中华人民共和国药品管理法》的有关规定，办理《药品经营许可证》，取得合法经营资格后，方可经营药品。就本案当事人而言，在该集团公司没有取得《药品经营许可证》之前，与其发生药品购销业务，是违反法律规定的。对当事人拟处以“没收药品，罚款 6 万元”的行政处罚，于法有据。

听证主持人：当事人，还有没有需要补充的意见?

当事人（白 ××）：没有了。

听证主持人：互相辩论阶段结束，下面进入最后陈述环节。首先由办案人员作最后陈述。

办案人员（周 ××）：对当事人的调查事实清楚、证据确凿、依据充分，我们坚持行政处罚事先告知书的拟处罚内容。

听证主持人：周 ×× 作了发言，王 ×× 还有没有需要补充的意见?

办案人员（王 ××）：没有了。

听证主持人：请当事人作最后陈述。

当事人（白 ××）：过去我个人一门心思考虑如何抓医疗业务收入，对于国家药品管理法规知识知之甚少。今天的听证会，对我触动很大，这是一次学习《中华人民共和国药品管理法》的好机会，通过学习，吸取教训，促进医院加强药品购用渠道的

当事人（委托代理人）签名：白 ××、黎 ××

办案人员签名：周 ××、王 ××

听证主持人签名：陈 ××

其他参加人签名：

第 4 页 共 5 页

管理，达到了教育的目的。但在本案处理问题上，由于我们的行为没有主观上的故意，也没有造成不良后果，请求给予从轻处理。

听证主持人：当事人白××作了陈述，委托代理人黎××还有没有补充意见?

委托代理人（黎××）：没有了。

听证主持人：现在宣布听证会到此结束。

（以下空白）

当事人（委托代理人）：本听证笔录已经本人审核、补正，无误。

当事人（委托代理人）签名：白××、黎××

办案人员签名：周××、王××

听证主持人签名：陈××

其他参加人签名：

第 5 页　共 5 页

## 14. 行政处理告知记录

# 天津市市场和质量监督管理
# 行政处理告知记录

| 被告知人 | ① |
|---|---|
| 告知日期 | 年 月 日 |
| 告知方式 | ②□当面口头告知 □电话告知 |
| 告知内容 | |
| 被告知人签名 | ③ |
| 执法人员签名 | |
| 备注 | |

《行政处理告知记录》是市场监管部门对投诉、举报涉及的涉嫌违法行为作出行政处理后，将处理结果告知具名投诉人、举报人或者被调查人的记录文书。

（1）文书应用范围

1）依据《天津市市场和质量监督管理行政处罚程序规定》第二十四条规定，对投诉、举报涉及的违法行为线索不予立案的，办案机构应当自市场监管部门负责人批准不予立案之日起十个工作日内，将结果告知附有具名的投诉人、举报人，并说明不予立案的理由。不予立案及告知的相关情况应当作书面记录留存。

2）依据《天津市市场和质量监督管理行政处罚程序规定》第七十四条规定，市场监管部门对投诉、举报所涉及的违法嫌疑人作出行政处罚、不予（免予）行政处罚、销案、移送其他行政机关、移送司法机关、终止调查等处理决定的，应当自作出处理决定之日起十个工作日内将处理结果告知具名的投诉人、举报人。

以上两种情形，进行非书面告知时可使用《行政处理告知记录》。该文书既是对投诉人、举报人权利的保护，也是市场监管部门证明自己已经履行告知义务的有力证据。

此外对于其他可以非书面告知有关人员相关事宜的情形，也可使用本文书进行记录。

（2）填写说明

①填入被告知人，即具名投诉人、举报人或者当事人的姓名或者名称。

②根据情况选择“当面口头告知”或“电话告知”。

③在当面口头告知的情况下，由被告知人签名并写明时间。其他情形不填此项，在此项划斜杠线。

（3）需要注意的相关问题

1）本文书一式一份，无需《送达回证》。

2）当面口头告知的使用本文书，由被告知人签名；通过电话告知的使用本文书，应保留通话录音等作为告知的证据。

3）采取书面形式告知的不使用本文书。书面告知的，可使用《行政执法有关事项通知书》等文书，按送达程序送达，以送达回证等作为告知的证据。

# 天津市市场和质量监督管理
# 行政处理告知记录

| 被告知人 | 江苏洋河酒厂股份有限公司 |
|---|---|
| 告知日期 | 2018 年 5 月 13 日 |
| 告知方式 | ☒ 当面口头告知　　☑ 电话告知 |
| 告知内容 | 被告知人举报的天津市 ×× 区 ×× 商店（赵 ××）涉嫌销售侵犯注册商标专用权的白酒一事，经查，违法行为属实，本机关于2018年5月12日作出行政处罚决定（津市场监管 × 罚〔2018〕21 号），依据《中华人民共和国商标法》第六十条第二款的规定，对被投诉人给予以下行政处罚：1. 没收侵权的“洋河海之蓝”等 4 种型号白酒 12 瓶；2. 罚款 12.5 万元。 |
| 被告知人签名 | |
| 执法人员签名 | 李 ××、张 ×× |
| 备注 | 附通话录音 |

# 天津市市场和质量监督管理
# 行政处理告知记录

| 被告知人 | 张先生 |
| --- | --- |
| 告知日期 | 2018年8月16日 |
| 告知方式 | ☒当面口头告知　　☑电话告知 |
| 告知内容 | 被告知人举报的天津AA化肥有限公司涉嫌生产不合格肥料一事，经查违法行为属实，本机关于2018年8月16日作出行政处罚决定（津市场监管×罚〔2018〕18号），依据《中华人民共和国产品质量法》第五十条的规定，对被举报人给予以下行政处罚：1.没收违法生产的30吨双效肥（复合肥料）；2.处违法生产产品货值金额50%的罚款21000元。 |
| 被告知人签名 | |
| 执法人员签名 | 刘×、陈×× |
| 备注 | 附通话录音 |

# 天津市市场和质量监督管理
# 行政处理告知记录

| 被告知人 | 高 ×× |
|---|---|
| 告知日期 | 2018 年 5 月 30 日 |
| 告知方式 | ☒ 当面口头告知　　☑ 电话告知 |
| 告知内容 | 被告知人举报的 ×× 药业有限公司涉嫌非法购药一事，经查违法行为属实，本机关于 2018 年 5 月 28 日作出行政处罚决定（津市场监管 × 罚〔2018〕1 号），依据《中华人民共和国药品管理法》第七十九条的规定，对被举报人给予以下行政处罚：1. 没收违法购进的感愈胶囊等 3 种药品 110 盒；2. 没收违法所得 450 元；3. 处违法购进药品货值金额 3.5 倍的罚款 5075 元。 |
| 被告知人签名 | |
| 执法人员签名 | 周 ××、王 ×× |
| 备注 | 附通话录音 |

## 15. 涉案物品处理记录

# 天津市市场和质量监督管理
# 涉案物品处理记录

处理物品：见附件《（场所、设施、财物）清单》

（津市场监管____物处〔____〕____号）

来源文书：《__①__》

文号：津市场监管________〔____〕____号

处理日期：__②__年__月__日

处理地点：__③__

处理情况：__④__

承办人签名：__⑤__　　__年__月__日

物品接收人签名：__⑥__　　__年__月__日

见证人签名：__⑦__　　__年__月__日

第____页　共____页

承办人签名：________________________

物品接收人签名：____________________

见证人签名：________________________

第____页　共____页

《涉案物品处理记录》是市场监管部门对查封、扣押、没收的违法物品进行处理时使用的执法文书。

（1）文书应用范围

《涉案物品处理记录》原则上适用于市场监管部门对依法查封扣押物品、罚没财物的各种处理情形，如在行政强制措施解除后，将由办案机关或者第三人保管的物品交予当事人；对容易腐烂、变质的物品的先行处理；罚没物资交由专管机关处理；罚没物资送有关经营（使用）单位收购；罚没物资的销毁；罚没物资的拍卖等。

（2）填写说明

①填写采取行政强制措施、罚没物品来源的文书及文号，如《实施行政强制措施决定书》及其文号。

②③处理时间、地点：写明处理涉案物品起止时间及具体地点。

④处理情况写明具体处理处理手段和处理方式（交予当事人、先行处理、销毁、拍卖、技术处理、移送其他部门等），在作销毁处理时，要充分考虑环保等要求。

⑤承办人即负责物品处理事宜的相关执法人员，应不少于两人。

⑥物品接收人：有关接收涉案物品处理的人，没有物品接受环节的情形此项不填写。

⑦见证人：即见证物品处理过程的有关人员，不能为行政机关内部人员，没有见证人的此项不填写。

（3）需要注意的相关问题

1)《涉案物品处理记录》原则上应个案单独制作。

2）文书一页不够的，可以续页。其中首页签名处均应注明日期，续页仅需签名即可。

# 天津市市场和质量监督管理
# 涉案物品处理记录

处理物品：见附件《（场所、设施、财物）清单》

（津市场监管 × 物处〔2018〕 17 号）

来源文书：《 行政处罚决定书 》

文号：津市场监管 × 罚〔2018〕13 号

处理日期：2018 年 11 月 15 日

处理地点：天津市 ×× 污水处理厂

处理情况：本机关委托 ×× 污水处理厂对没收的 38° “洋河海之蓝”等白酒共计 12 瓶进行无害化处理，已处理完毕。（以下空白）

承办人签名：李 ××、张 ×× 2018 年 11 月 15 日

物品接收人签名： 年 月 日

见证人签名：杨 ××（污水处理厂工作人员） 2018 年 11 月 15 日

第 1 页 共 1 页

# 天津市市场和质量监督管理

# 涉案物品处理记录

处理物品：见附件《（场所、设施、财物）清单》

（津市场监管__×__物处〔__2018__〕__3__号）

来源文书：《__行政处罚决定书__》

文号：津市场监管__×__罚〔__2018__〕__18__号

处理日期：__2018__年__2__月__19__日

处理地点：__天津市××区××垃圾处理厂__

处理情况：__本机关委托天津市××区××垃圾处理厂对没收的30吨双效肥(复合肥料)采取填埋的方式进行销毁，已销毁完毕。（以下空白）__

承办人签名：__刘×、陈××__ __2018__年__2__月__19__日

物品接收人签名：______ ______年__月__日

见证人签名：__杨××（垃圾处理厂工作人员）__ __2018__年__2__月__19__日

第__1__页 共__1__页

# 天津市市场和质量监督管理
# 涉案物品处理记录

处理物品：见附件《（场所、设施、财物）清单》

（津市场监管 × 物处〔 2018 〕 2 号）

来源文书：《 行政处罚决定书 》

文号：津市场监管 × 罚〔 2017 〕 2 号

处理日期： 2018 年 4 月 27 日

处理地点： 天津市 ×× 区 ×× 垃圾处理厂

处理情况： 本机关委托天津市 ×× 区 ×× 垃圾处理厂对没收的500袋奶粉采取填埋的方式进行销毁，已销毁完毕。（以下空白）

承办人签名： 周 ××、王 ×× 2018 年 4 月 27 日

物品接收人签名：______ ____年__月__日

见证人签名： 孙 ××（垃圾处理厂工作人员） 2018 年 4 月 27 日

第 1 页 共 1 页

## 16. 责令改正通知书

# 天津市市场和质量监督管理
# 责令改正通知书

津市场监管____责改〔____〕____号

______①______________:

你（单位）______②__________________________________________

_______________________________________________________________

_____________________________________________________的行为，

（违反了/构成了）《__③_________________________________________》

第____条第____款第____项（的规定/所指的违法行为），依据《____④________》

第____条第____款第____项的规定，现责令你（单位）:

⑤□立即改正；

□于____年__月__日前改正。

改正内容及要求如下：______⑥____________________________________

_______________________________________________________________

_______________________________________________________________

如对本责令改正通知不服，可以于收到本通知之日起____⑦______内依法向______________或者__________人民政府申请行政复议，也可以于____内依法向__________人民法院提起行政诉讼。

（印章）

⑧____年__月__日

本文书一式两份。一份送达受送达人，一份市场和质量监督管理部门存档。

《责令改正通知书》是市场监管部门依法命令违法行为人停止并改正违法行为的行政处理决定文书。

（1）文书应用范围

依据《天津市市场和质量监督管理行政处罚程序规定》第四条：市场监管部门实施行政处罚，应当依法责令当事人改正或者限期改正违法行为。

责令限期改正的期限按照法律、法规、规章或者技术规范的规定执行。法律、法规、规章或者技术规范没有规定的，改正期限一般不超过三十日；确有必要超过三十日的，应当根据案件实际情况确定，并报请市场监管部门负责人批准。

对已有证据证明违反市场监督管理法律法规的违法行为，应当在发现违法行为或调查违法事实时，责令当事人改正或限期改正违法行为。

（2）填写说明

①填入当事人的单位名称或者姓名。

②填入对当事人违法行为的表述。由于责令改正的是有证据证明违反市场监督管理法律法规的违法行为，因此一般不加“涉嫌”二字。

③填入当事人违法行为的定性条款，要具体到条、款、项。对于禁止性条款采取“违反了………的规定”，对于仅有界定性条款或罚则的采取“构成了……所指的违法行为”的写法。“(违反了/构成了)”、“(的规定/所指的违法行为)”要分别划掉其中一项。

④填入责令改正所依据的法律法规条文，具体到条、款、项。

⑤填入责令改正时限。

⑥填入责令改正的具体内容。

⑦填写救济途径。

⑧印章、日期填写同前。

（3）需要注意的相关问题

1）本文书应附《送达回证》。

2）与《行政处罚决定书》同时作出的责令改正，可以在《行政处罚决定书》中一并表述，不必单独制作《责令改正通知书》。

# 天津市市场和质量监督管理
# 责令改正通知书

津市场监管 × 责改〔2018〕28 号

天津市 ×× 区 ×× 商店（赵 ××）：

你（单位）销售侵犯注册商标专用权的白酒 的行为，（~~违反了~~/构成了）《中华人民共和国商标法》第五十七条第 / 款第 三 项（~~的规定~~/所指的违法行为），依据《中华人民共和国商标法》第 六十 条第 二 款第 / 项的规定，现责令你（单位）：

☑ 立即改正；

☒ 于____年__月__日前改正。

改正内容及要求如下：停止销售侵犯注册商标专用权的商品

如对本责令改正通知不服，可以于收到本通知之日起六十日内依法向天津市市场和质量监督管理委员会或者 天津市 ×× 区人民政府申请行政复议，也可以于六个月内依法向 天津市 ×× 区人民法院提起行政诉讼。

（印章）

2018 年 4 月 6 日

本文书一式两份。一份送达受送达人，一份市场和质量监督管理部门存档。

# 天津市市场和质量监督管理
# 责令改正通知书

津市场监管 × 责改〔 2018 〕 23 号

天津AA化肥有限公司：

你（单位）生产以不合格产品冒充合格产品的复合肥料

的行为，

（违反了/~~构成了~~）《 中华人民共和国产品质量法 》第三十二条第 / 款第 / 项（的规定/~~所指的违法行为~~），依据《 中华人民共和国产品质量法 》第 五十 条第 / 款第 / 项的规定，现责令你（单位）：

☑ 立即改正；

☒ 于____年__月__日前改正。

改正内容及要求如下：停止生产以不合格产品冒充合格产品的复合肥料。

如对本责令改正通知不服，可以于收到本通知之日起六十日内依法向天津市市场和质量监督管理委员会或者 天津市 ×× 区人民政府申请行政复议，也可以于六个月内依法向 天津市 ×× 区人民法院提起行政诉讼。

（印章）

2018 年 7 月 8 日

本文书一式两份。一份送达受送达人，一份市场和质量监督管理部门存档。

# 天津市市场和质量监督管理
# 责令改正通知书

津市场监管 × 责改〔2018〕11 号

×× 药业有限公司：

你（单位）从无《药品生产许可证》《药品经营许可证》的企业购进感愈胶囊的行为，（违反了/~~构成了~~）《中华人民共和国药品管理法》第三十四条第 / 款第 / 项（的规定/~~所指的违法行为~~），依据《中华人民共和国药品管理法》第七十九条第 / 款第 / 项的规定，现责令你（单位）：

☑ 立即改正；

☒ 于____年__月__日前改正。

改正内容及要求如下：停止从无《药品生产许可证》《药品经营许可证》的企业购进药品的行为

如对本责令改正通知不服，可以于收到本通知之日起六十日内依法向天津市市场和质量监督管理委员会或者天津市 ×× 区人民政府申请行政复议，也可以于六个月内依法向天津市 ×× 区人民法院提起行政诉讼。

（印章）

2018 年 7 月 9 日

本文书一式两份。一份送达受送达人，一份市场和质量监督管理部门存档。

## 17. 询问调查通知书

# 天津市市场和质量监督管理
# 询问调查通知书

津市场监管____询〔____〕____号

____①____：

为调查了解____②________________________________________________________________________，请你（你单位派员）于③____年__月__日__时__分到____④____________接受询问调查。依据《中华人民共和国行政处罚法》第三十七条的规定，你（单位）有如实回答询问、协助调查的义务。

请携带以下材料：

1．⑤________________________________

2．________________________________

3．________________________________

4．________________________________

5．________________________________

联系人：⑥____________联系电话：____________

（印章）

⑦____年__月__日

本文书一式两份。一份送达受送达人，一份市场和质量监督管理部门存档。

《询问调查通知书》是市场监管部门在依法行使职权，查办涉嫌违法案件过程中为查明案件事实，要求当事人或者有关人员在指定的时间到达指定地点接受询问调查的书面通知性文书。

（1）文书应用范围

依据《中华人民共和国行政处罚法》第三十七条、《天津市市场和质量监督管理行政处罚程序规定》第三十条规定，请当事人或者有关人员在指定时间、指定地点协助调查、接受询问、提供材料时使用。

（2）填写说明

①填入当事人或者有关人员名称或姓名（有效主体资格证件上的正式名称）。

②填入需要调查了解的事项。

③填入到场的时间。

④填入询问调查的地点。

⑤填入需要携带的材料名称。

⑥填入询问调查部门具体的联系人姓名和联系电话。

⑦填入制作文书的日期，并加盖行政机关的印章。

（3）需要注意的相关问题

本文书应当附《送达回证》。

# 天津市市场和质量监督管理
# 询问调查通知书

津市场监管 × 询〔2018〕18 号

天津市××区××商店（赵××）：

为调查了解 你店涉嫌销售侵犯注册商标专用权的白酒的有关情况 ，请你（你单位派员）于 2018 年 4 月 7 日 9 时 0 分到天津市××区××市场和质量监督管理所（××区××路××号） 接受询问调查。依据《中华人民共和国行政处罚法》第三十七条的规定，你（单位）有如实回答询问、协助调查的义务。

请携带以下材料：

1．营业执照、食品经营许可证、经营者身份证复印件；

2．38° "洋河海之蓝"等 12 瓶白酒的购进票据；

3．供货单位资质证照复印件、食品合格证明文件；

4．其他与此事有关的证明材料；

5．委托他人接受调查的携带授权委托书和受委托人身份证。

联系人： 李×× 联系电话： ××××××××

（印章）

2018 年 4 月 6 日

本文书一式两份。一份送达受送达人，一份市场和质量监督管理部门存档。

# 天津市市场和质量监督管理
# 询问调查通知书

津市场监管 × 询〔2018〕15 号

天津 AA 化肥有限公司：

为调查了解 你单位涉嫌生产不合格的复合肥料的有关情况，请你（你单位派员）于 2018 年 7 月 9 日 0 时 0 分到 天津市 ×× 区 ×× 市场和质量监督管理所（×× 区 ×× 路 ×× 号） 接受询问调查。依据《中华人民共和国行政处罚法》第三十七条的规定，你（单位）有如实回答询问、协助调查的义务。

请携带以下材料：

1．营业执照、生产许可证、法定代表人身份证复印件；

2．复合肥料生产记录、销售票据及检验合格报告；

3．其他与此事有关的证明材料；

4．委托他人接受调查的携带授权委托书和受委托人身份证。

5．/

联系人： 刘 ×　　联系电话： ×××××××××

（印章）

2018 年 7 月 8 日

本文书一式两份。一份送达受送达人，一份市场和质量监督管理部门存档。

# 天津市市场和质量监督管理
# 询问调查通知书

津市场监管 × 询〔 2018 〕 9 号

天津市 ×× 大药房：

为调查了解 你单位经营感愈胶囊等药品的有关情况，请你（你单位派员）于 2018 年 5 月 9 日 9 时 00 分到 天津市 ×× 区市场和质量监督稽查大队 ×× 室（×× 区 ×× 路 ×× 号） 接受询问调查。依据《中华人民共和国行政处罚法》第三十七条的规定，你（单位）有如实回答询问、协助调查的义务。

请携带以下材料：

1．营业执照、药品经营许可证、负责人身份证复印件；

2．感愈胶囊、莲花清热胶囊、罗红霉素片的购进票据；

3．供货单位资质证照复印件、药品进货验收记录；

4．其他与此事有关的证明材料；

5．委托他人接受调查的携带授权委托书和受委托人身份证。

联系人： 周 ×× 联系电话： ××××××××

（印章）

2018 年 5 月 8 日

本文书一式两份。一份送达受送达人，一份市场和质量监督管理部门存档。

## 18. 行政执法有关事项通知书

# 天津市市场和质量监督管理
# 行政执法有关事项通知书

津市场监管____通〔____〕____号

___①_______________：

依据《___②______________________________________________》第____条第____款第____项的规定，通知如下事项：___③___________________________

____________________________________________________________

____________________________________________________________

____________________________________________________________

____________________________________________________________

____________________________________________________________

____________________________________________________________

联系人：___④_____________________________联系电话：_______________

（印章）

⑤____年__月__日

本文书一式两份。一份送达受送达人，一份市场和质量监督管理部门存档。

《行政执法有关事项通知书》是市场监管部门在依法行使职权，查办涉嫌违法案件过程中，依照程序规定，就行政执法有关事项通知当事人或者有关人员的书面通知性文书。

（1）文书应用范围

本文书系新创设的执法文书，主要适用于本文书系列中未有相应的通知格式文书，需要告知或通知当事人知晓的事项。如《天津市市场和质量监督管理行政处罚程序规定》第四十五条：扣押当事人托运的物品，应当制作协助扣押通知书，通知有关运输部门协助办理，并书面通知当事人；按照《中华人民共和国广告法》第四十九条第一款第三项，要求涉嫌违法当事人限期提供有关证明文件；按照《天津市市场和质量监督管理行政处罚程序规定》第二十四条，将不予立案结果以书面形式告知具名投诉人、举报人的；按照《天津市市场和质量监督管理行政处罚程序规定》第七十四条对投诉、举报所涉及的违法嫌疑人作出行政处罚、不予（免予）行政处罚、销案、移送其他行政机关、移送司法机关、终止调查等处理决定的，将处理结果以书面形式告知具名投诉人、举报人的。其他情况不再一一列举。

对于既可以书面告知，又可以非书面告知的情形，可以选择使用本文书进行书面告知，也可以采用《行政处理告知记录》进行非书面告知。

（2）填写说明

①填入当事人姓名或者单位名称（有效主体资格证件上的正式名称）。

②填入依据的相应法律、法规、规章或《天津市市场和质量监督管理行政处罚程序规定》的条、款、项。

③填入需要告知事项的具体内容。

④填入告知部门具体的联系人姓名和联系电话。

⑤填入制作文书的时间，并加盖行政机关的印章。

（3）需要注意的相关问题

1）本文书应当附《送达回证》。

2）不能扩大本文书的适用范围，将本文书当成作出行政执法决定的文书。

# 天津市市场和质量监督管理
# 行政执法有关事项通知书

津市场监管 × 通〔 2018 〕 22 号

江苏洋河酒厂股份有限公司：

依据《 天津市市场和质量监督管理行政处罚程序规定 》第二十四条第 / 款第 / 项的规定，通知如下事项：你单位投诉的天津市 ×× 区 ×× 商店（赵 ××）涉嫌销售侵犯注册商标专用权的白酒一事，经核查，无违法事实，不符合《天津市市场和质量监督管理行政处罚程序规定》第二十二条第二项规定的立案条件，本机关决定不予立案。

联系人： 李 ×× 联系电话： ×××××××××

（印章）

2018 年 4 月 7 日

本文书一式两份。一份送达受送达人，一份市场和质量监督管理部门存档。

# 天津市市场和质量监督管理
# 行政执法有关事项通知书

津市场监管 × 通〔 2018 〕 12 号

天津 AA 化肥有限公司：

依据《 天津市市场和质量监督管理行政处罚程序规定 》第三十一条第 / 款第 / 项的规定，通知如下事项：要求你单位于五日内提供 2018 年 6 月 25 日生产的规格为 50kg/ 袋的双效肥（复合肥料）的生产记录、销售票据及检验合格报告等有关证明材料。

联系人： 刘 × 联系电话： ×××××××××

（印章）

2018 年 7 月 10 日

本文书一式两份。一份送达受送达人，一份市场和质量监督管理部门存档。

# 天津市市场和质量监督管理
# 行政执法有关事项通知书

津市场监管 × 通〔 2018 〕 8 号

高××：

依据《天津市市场和质量监督管理行政处罚程序规定》第七十四条第 / 款第 / 项的规定，通知如下事项：你举报的××药业有限公司涉嫌非法购药一事，经查违法行为属实，本机关于2018年5月28日作出行政处罚决定（津市场监管×罚〔2018〕1号），依据《中华人民共和国药品管理法》第七十九条的规定，对被举报人给予以下行政处罚：1.没收违法购进的感愈胶囊等3种药品110盒；2.没收违法所得450元；3.处违法购进药品货值金额3.5倍的罚款5075元。

联系人： 周×× 联系电话： ×××××××××

（印章）

2018 年 5 月 30 日

本文书一式两份。一份送达受送达人，一份市场和质量监督管理部门存档。

## 19. 先行登记保存证据通知书

# 天津市市场和质量监督管理
# 先行登记保存证据通知书

津市场监管____登存〔____〕____号

____①______：

你（单位）涉嫌____②________________________________________________________________，本机关依据《中华人民共和国行政处罚法》第三十七条第二款的规定，现决定对涉及你（单位）的有关证据予以先行登记保存（涉及物品名称、数量详见《（场所、设施、财物）清单》津市场监管____登存〔____〕____号）。

在先行登记保存期间，任何人不得动用、调换、转移、损毁被登记保存证据。擅自动用、调换、转移、损毁被先行登记保存证据的，将依法追究有关责任人员的法律责任。

先行登记保存地点：____③________________________

先行登记保存期限：七日。逾期未作出处理决定的，先行登记保存措施自动解除。

（印章）

④____年__月__日

---

本文书一式两份。一份送达受送达人，一份市场和质量监督管理部门存档。

《先行登记保存证据通知书》是市场监管部门依法采取先行登记保存证据措施时发给当事人的书面通知性文书。

（1）文书应用范围

市场监管部门依据《中华人民共和国行政处罚法》第三十七条第二款和《天津市市场和质量监督管理行政处罚程序规定》第三十八条的规定，在证据可能灭失或者以后难以取得的情况下，经行政机关负责人批准，采取先行登记保存措施时，应当制作本文书。

（2）填写说明

①填写当事人的姓名或者单位名称（有效主体资格证件上的名称）。

②栏对当事人所涉嫌构成的违法行为进行的简要概括。

③栏填写先行登记保存证据的存放地。应当注意的是一般情况下，应采用就地保存的方式。

④印章下的日期应为文书制作日期。

（3）需要注意的相关问题

1）本文书应当附《（场所、设施、财物）清单》和《送达回证》，并使用《封条》做先行登记保存标记。

2）采取先行登记保存措施依法需经行政机关负责人批准，执法人员应填写《行政执法有关事项审批表》，履行审批程序。

3）要注意先行登记保存的期限为七日，逾期未作出处理决定的，先行登记保存措施将自动解除。提前解除的，应下达《解除先行登记保存证据通知书》。

4）先行登记保存的物品必须是与涉嫌违法行为有关的证据。在执法过程中，对与涉嫌违法行为没有直接联系的物品不得实施先行登记保存。

# 天津市市场和质量监督管理
# 先行登记保存证据通知书

津市场监管 × 登存〔2018〕8 号

天津市 ×× 区 ×× 商店（赵 ××）：

你（单位）涉嫌销售侵犯注册商标专用权的白酒，本机关依据《中华人民共和国行政处罚法》第三十七条第二款的规定，现决定对涉及你（单位）的有关证据予以先行登记保存（涉及物品名称、数量详见《（场所、设施、财物）清单》津市场监管 × 登存〔2018〕8 号）。

在先行登记保存期间，任何人不得动用、调换、转移、损毁被登记保存证据。擅自动用、调换、转移、损毁被先行登记保存证据的，将依法追究有关责任人员的法律责任。

先行登记保存地点：天津市 ×× 区 ×× 商店（赵 ××）库房

先行登记保存期限：七日。逾期未作出处理决定的，先行登记保存措施自动解除。

（印章）

2018 年 4 月 6 日

本文书一式两份。一份送达受送达人，一份市场和质量监督管理部门存档。

# 天津市市场和质量监督管理
# 先行登记保存证据通知书

津市场监管 × 登存〔2018〕7 号

天津 AA 化肥有限公司：

你（单位）涉嫌生产不合格冒充合格的复合肥料，本机关依据《中华人民共和国行政处罚法》第三十七条第二款的规定，现决定对涉及你（单位）的有关证据予以先行登记保存（涉及物品名称、数量详见《（场所、设施、财物）清单》津市场监管 × 登存〔2018〕18 号）。

在先行登记保存期间，任何人不得动用、调换、转移、损毁被登记保存证据。擅自动用、调换、转移、损毁被先行登记保存证据的，将依法追究有关责任人员的法律责任。

先行登记保存地点：天津 AA 化肥有限公司库房

先行登记保存期限：七日。逾期未作出处理决定的，先行登记保存措施自动解除。

（印章）

2018 年 7 月 2 日

本文书一式两份。一份送达受送达人，一份市场和质量监督管理部门存档。

# 天津市市场和质量监督管理
# 先行登记保存证据通知书

津市场监管 × 登存〔 2018 〕 5 号

天津市 ×× 大药房：

你（单位）涉嫌 销售劣药护肝丸 ，本机关依据《中华人民共和国行政处罚法》第三十七条第二款的规定，现决定对涉及你（单位）的有关证据予以先行登记保存（涉及物品名称、数量详见《（场所、设施、财物）清单》津市场监管 × 登存〔 2018 〕 5 号）。

在先行登记保存期间，任何人不得动用、调换、转移、损毁被登记保存证据。擅自动用、调换、转移、损毁被先行登记保存证据的，将依法追究有关责任人员的法律责任。

先行登记保存地点：天津市 ×× 大药房库房

先行登记保存期限：七日。逾期未作出处理决定的，先行登记保存措施自动解除。

（印章）

2018 年 3 月 21 日

本文书一式两份。一份送达受送达人，一份市场和质量监督管理部门存档。

## 20. 解除先行登记保存证据通知书

# 天津市市场和质量监督管理
# 解除先行登记保存证据通知书

津市场监管____解登〔____〕____号

____①________________:

本机关依据《先行登记保存证据通知书》(津市场监管登存〔____〕____号),对涉及你(单位)的有关证据采取先行登记保存措施。因____②________,现决定对先行登记保存的证据解除先行登记保存,解除范围如下:

□全部;

③□部分,解除范围为《(场所、设施、财物)清单》(津市场监管解登〔____〕____号)。

联系人:____④________________联系电话:________________________

(印章)

⑤____年__月__日

本文书一式两份。一份送达受送达人,一份市场和质量监督管理部门存档。

《解除先行登记保存证据通知书》是市场监管部门对已经采取先行登记保存的标的物需要解除登记保存措施时使用的执法文书，与《先行登记保存证据通知书》相对应。

（1）文书应用范围

对于被实施先行登记保存措施的财物或者场所、设施，经调查核实当事人没有违法行为或被先行登记保存的财物或者场所、设施与违法行为无关的，在先行登记保存期限届满前提前解除先行登记保存措施决定，向当事人发出本《解除先行登记保存证据通知书》。

（2）填写说明

①受送达人名称必须与《先行登记保存证据通知书》相一致。

②写明解除登记保存的原因。如“经查明你单位没有违法行为”等。

③对于原先行登记保存物品只是部分解除先行登记保存的，需配合使用《（场所、设施、财物）清单》，写明解除先行登记保存物品名称、规格型号、数量等。

④联系人、联系电话的填写目的是方便联系。视情况可以填入办案人员姓名；对于有专门人员负责登记保存物品保管，当事人只需和该人员联系即可领取的，也可以填入该联系人姓名。

⑤印章下的日期应为文书制作日期。

（3）需要注意的相关问题

1）本文书应当附《送达回证》，部分解除的要附《（场所、设施、财物）清单》。

2）解除先行登记保存措施依法需经行政机关负责人批准，执法人员应填写《行政执法有关事项审批表》，履行审批程序。

3）对于先行登记保存的物品，在先行登记保存期间依法转为查封、扣押或予以没收的，不需要使用《解除先行登记保存证据通知书》。

# 天津市市场和质量监督管理
# 解除先行登记保存证据通知书

津市场监管 × 解登〔2018〕 8 号

天津市××区××商店（赵××）：

本机关依据《先行登记保存证据通知书》（津市场监管 × 登存〔2018〕 8 号），对涉及你（单位）的有关证据采取先行登记保存措施。因 违法事实不成立 ，现决定对先行登记保存的证据解除先行登记保存，解除范围如下：

☑全部；

☒部分，解除范围为《（场所、设施、财物）清单》（津市场监管____解登〔____〕____号）。

联系人： 李×× 联系电话： ××××××××

（印章）

2018 年 4 月 9 日

本文书一式两份。一份送达受送达人，一份市场和质量监督管理部门存档。

# 天津市市场和质量监督管理
# 解除先行登记保存证据通知书

津市场监管＿×＿解登〔＿2018＿〕＿7＿号

天津AA化肥有限公司＿＿＿＿＿＿＿＿：

本机关依据《先行登记保存证据通知书》（津市场监管＿×＿登存〔＿2018＿〕18＿号），对涉及你（单位）的有关证据采取先行登记保存措施。因＿违法事实不成立＿＿＿＿＿，现决定对先行登记保存的证据解除先行登记保存，解除范围如下：

☑全部；

☒部分，解除范围为《（场所、设施、财物）清单》（津市场监管＿＿解登〔＿＿〕＿＿号）。

联系人：＿刘×＿＿＿＿＿＿＿＿联系电话：＿××××××××＿＿＿＿＿＿

（印章）

＿2018＿年＿7＿月＿5＿日

本文书一式两份。一份送达受送达人，一份市场和质量监督管理部门存档。

# 天津市市场和质量监督管理
# 解除先行登记保存证据通知书

津市场监管 × 解登〔2018〕5 号

天津市 ×× 大药房：

本机关依据《先行登记保存证据通知书》（津市场监管 × 登存〔2018〕5 号），对涉及你（单位）的有关证据采取先行登记保存措施。因违法事实不成立，现决定对先行登记保存的证据解除先行登记保存，解除范围如下：

☑ 全部；

☒ 部分，解除范围为《（场所、设施、财物）清单》（津市场监管____解登〔____〕____号）。

联系人：张 ××　　联系电话：×××××××××

（印章）

2018 年 3 月 25 日

本文书一式两份。一份送达受送达人，一份市场和质量监督管理部门存档。

# 21. （检验、检测、检定、鉴定）期间告知书

## 天津市市场和质量监督管理
## （检验、检测、检定、鉴定）期间告知书

津市场监管____期告〔____〕____号

____①____________________:

本机关《实施行政强制措施决定书》（津市场监管__②__实强〔____〕____号）涉及的有关物品，已依法委托相关机构进行（③□检验；□检测；□检定；□鉴定）。（④检验、检测、检定、鉴定）期间自__⑤__年__月__日至____年__月__日。

依据《中华人民共和国行政强制法》第二十五条的规定，查封、扣押的期间不包括（检验、检测、检定、鉴定）的期间。

（印章）

⑥____年__月__日

本文书一式两份。一份送达受送达人，一份市场和质量监督管理部门存档。

《(检验、检测、检定、鉴定)期间告知书》是市场监管部门依法采取查封、扣押措施后，书面告知当事人检验、检测、检定、鉴定的期间及该期间不计查封、扣押期限的一种通知性执法文书。

(1)文书应用范围

依据《天津市市场和质量监督管理行政处罚程序规定》第四十三条：检验、检测、检疫或者鉴定期间不计入查封、扣押期限。检验、检测、检疫或者鉴定的期间应当明确，并书面告知当事人。凡采取查封、扣押措施并予以抽样检验鉴定的，均应向当事人制作并送达此文书。

(2)填写说明

①填当事人的单位名称或姓名(有效主体资格证件上的正式名称)。

②应与相应的《实施行政强制措施决定书》文号相一致。

③根据具体情况在“□”内勾选其中一个，在其他项前的“□”内打“×”。

④按照前面的《文书排版及有关事项说明》，括号中的“检验、检测、检定、鉴定”不需要勾选和划除其中项目。

⑤期间应以检测机构确认的期限填写，注意不应违背检测规程的相关规定。

⑥印章下的日期应为文书制作日期。

(3)需要注意的相关问题

1)本文书应当附《送达回证》。

2)文书名称中的“(检验、检测、检定、鉴定)”四项均予以保留，不必勾选和删除。

# 天津市市场和质量监督管理
# （检验、检测、检定、鉴定）期间告知书

津市场监管 × 期告〔2018〕13 号

天津市 ×× 区 ×× 商店（赵 ××）：

本机关《实施行政强制措施决定书》（津市场监管 × 实强〔2018〕13 号）涉及的有关物品，已依法委托相关机构进行（☑检验；☒检测；☒检定；☒鉴定）。（检验、检测、检定、鉴定）期间自 2018 年 4 月 6 日至 2018 年 4 月 20 日。

依据《中华人民共和国行政强制法》第二十五条的规定，查封、扣押的期间不包括（检验、检测、检定、鉴定）的期间。

（印章）

2018 年 4 月 6 日

本文书一式两份。一份送达受送达人，一份市场和质量监督管理部门存档。

# 天津市市场和质量监督管理
# （检验、检测、检定、鉴定）期间告知书

津市场监管 × 期告〔 2018 〕 8 号

天津AA化肥有限公司：

本机关《实施行政强制措施决定书》（津市场监管 × 实强〔2018〕 8 号）涉及的有关物品，已依法委托相关机构进行（☑检验；☒检测；☒检定；☒鉴定）。（检验、检测、检定、鉴定）期间自 2018 年 7 月 2 日至 2018 年 7 月 8 日。

依据《中华人民共和国行政强制法》第二十五条的规定，查封、扣押的期间不包括（检验、检测、检定、鉴定）的期间。

（印章）

2018 年 7 月 2 日

本文书一式两份。一份送达受送达人，一份市场和质量监督管理部门存档。

# 天津市市场和质量监督管理
# （检验、检测、检定、鉴定）期间告知书

津市场监管 × 期告〔2018〕 1 号

×× 有限公司：

本机关《实施行政强制措施决定书》（津市场监管 × 实强〔2018〕 1 号）涉及的有关物品，已依法委托相关机构进行（☑检验；☒检测；☒检定；☒鉴定）。（检验、检测、检定、鉴定）期间自 2018 年 5 月 12 日至 2018 年 5 月 25 日。

依据《中华人民共和国行政强制法》第二十五条的规定，查封、扣押的期间不包括（检验、检测、检定、鉴定）的期间。

（印章）

2018 年 5 月 12 日

本文书一式两份。一份送达受送达人，一份市场和质量监督管理部门存档。

## 22.（检验、检测、检定、鉴定）结果告知书

# 天津市市场和质量监督管理
# （检验、检测、检定、鉴定）结果告知书

津市场监管____检告〔____〕____号

______①______：

本机关《（场所、设施、财物）清单》（津市场监管__②__检告〔____〕____号）涉及的有关物品，经____③____________（④□检验；□检测；□检定；□鉴定），被判定为__⑤________产品。

⑥（你（单位）如对该（检验、检测、检定、鉴定）结果有异议，请在接到本告知书之日起________内，依法向本机关或者__________提出书面复检申请，逾期即视为放弃该权利。）

联系人：__⑦________联系电话：__________

附件：（检验、检测、检定、鉴定）报告

报告编号：⑧

（印章）

⑨____年__月__日

本文书一式两份。一份送达受送达人，一份市场和质量监督管理部门存档。

《(检验、检测、检定、鉴定)结果告知书》是市场监管部门对涉案物品进行检验、检测、检定、鉴定后，将结果送达当事人并告知其享有权利的执法文书。

(1)文书应用范围

依据《天津市市场和质量监督管理行政处罚程序规定》第三十七条第二款：检验、检测、检定或者鉴定结论应有检验、检测、检定或者鉴定人员签名，加盖检验、检测、检定或者鉴定机构公章。检验、检测、检定或者鉴定结论应当告知当事人。法律、法规、规章对复检有规定的，应当同时告知当事人复检的权利。凡对涉案物品实施了检验、检测、检定、鉴定的，均应向当事人制作并送达此文书。

(2)填写说明

①写明被告知人的单位名称或姓名(有效主体资格证件上的正式名称)。

②附《(场所、设施、财物)清单》，将其文号注明。

③写明检验、检测、检定、鉴定的技术机构名称。

④根据具体情况在“□”内勾选其中一个，在其他项前的“□”内打“×”。

⑤依据检验报告写明检验结果，如被判为不合格产品。

⑥括号内的此部分应根据被告知人是否有复检权进行选择性填写。其中，对于被告知人有复检权利的，应当删去外面的括号，填写此部分内容，告知提出复检的期限和部门(非本机关的要写明法律、法规、规章指定的受理机关；本机关不是复检的受理机关的，则删除本机关作为复检的受理机关的有关表述)；对于被告知人无复检权利的，此部分内容应完全删掉。

⑦联系人、联系电话的填写目的是方便被告知人联系。视情况可以填入执法人员姓名。

⑧写明检验、检测、检定、鉴定报告的编号。

⑨印章下的日期应为文书制作日期。

(3)需要注意的相关问题

1)本文书应当附《(场所、设施、财物)清单》、(检验、检测、检定、鉴定)报告及《送达回证》。

2)文书名称中的“(检验、检测、检定、鉴定)”四项均予以保留，不必勾选和删除。

# 天津市市场和质量监督管理
# （检验、检测、检定、鉴定）结果告知书

津市场监管__×__检告〔2018〕__13__号

天津市××区××商店（赵××）：

本机关《（场所、设施、财物）清单》（津市场监管__×__检告〔2018〕__13__号）涉及的有关物品，经__天津市××检测站__（☑检验；☒检测；☒检定；☒鉴定），被判定为__不合格__产品。

你（单位）如对该（检验、检测、检定、鉴定）结果有异议，请在接到本告知书之日起__七个工作日__内，依法向本机关或者天津市市场和质量监督管理委员会提出书面复检申请，逾期即视为放弃该权利。

联系人：__李××__　联系电话：__××××××××__

附件：（检验、检测、检定、鉴定）报告

报告编号：××××××××

（印章）

__2018__年__4__月__20__日

本文书一式两份。一份送达受送达人，一份市场和质量监督管理部门存档。

# 天津市市场和质量监督管理
# （检验、检测、检定、鉴定）结果告知书

津市场监管 × 检告〔2018〕5 号

天津 AA 化肥有限公司：

本机关《（场所、设施、财物）清单》（津市场监管 × 检告〔2018〕5 号）涉及的有关物品，经 ×× 质检站（☑检验；☒检测；☒检定；☒鉴定），被判定为 不合格 产品。

你（单位）如对该（检验、检测、检定、鉴定）结果有异议，请在接到本告知书之日起 15 日 内，依法向本机关或者天津市市场和质量监督管理委员会提出书面复检申请，逾期即视为放弃该权利。）

联系人：刘 ×　　联系电话：××××××××

附件：（检验、检测、检定、鉴定）报告

报告编号：××××××××

（印章）

2018 年 7 月 8 日

本文书一式两份。一份送达受送达人，一份市场和质量监督管理部门存档。

## 23. 先行处理物品通知书

# 天津市市场和质量监督管理
# 先行处理物品通知书

津市场监管____先处〔____〕____号

____①__________：

本机关依据《实施行政强制措施决定书》（津市场监管__________实强〔____〕____号）对你（单位）有关物品采取了行政强制措施。为防止造成不必要的损失，对于其中容易腐烂、变质的物品（详见《（场所、设施、财物）清单》津市场监管____先处〔____〕____号），

②□经你（单位）同意；

□按照《__________________________》第____条第____款第____项规定可以直接先行处理。

本机关决定先行处理。处理方式：____③__________。

（印章）

④____年__月__日

本文书一式两份。一份送达受送达人，一份市场和质量监督管理部门存档。

《先行处理物品通知书》是市场监管部门对已采取查封、扣押等行政强制措施的容易腐烂、变质的物品采取相应措施进行先行处理时发给当事人的书面通知性文书。

（1）文书应用范围

1）市场监管部门依据《天津市市场和质量监督管理行政处罚程序规定》第四十七条规定，对被查封、扣押的容易腐烂、变质的物品，经当事人同意先行处理时，应当制作本文书告知当事人。

2）市场监管部门根据其他法律法规有关直接先行处理的规定，对被查封、扣押的容易腐烂、变质的物品直接先行处理时，应当制作本文书告知当事人。

（2）填写说明

①栏填写当事人的单位名称或者姓名（有效主体资格证件上的正式名称）。

②在填写时根据具体情况勾选经同意先行处理或依法直接先行处理。选择一个选项的同时，在另一项“□”内打“×”。选择直接先行处理时，在空白处填写法律依据。

③栏填写物品的处理方式，一般为拍卖或变卖，依具体情形而定。如生鲜食品等需要及时处理，就不宜采取拍卖方式，可采取变卖方式。

④日期为文书制作日期，加盖市场监管部门印章。

（3）需要注意的相关问题

1）一般情况下应当经当事人同意先行处理，可以在《询问调查笔录》中体现或由当事人出具同意先行处理的书面意见。直接先行处理必须有可以直接先行处理的法定依据。

2）先行处理物品应当填写《行政执法有关事项审批表》，经机关负责人批准实施。

3）本文书应当附《（场所、设施、财物）清单》和《送达回证》。

4）先行处理物品时需使用《涉案物品处理记录》对物品处理情况进行记录。

# 天津市市场和质量监督管理
# 先行处理物品通知书

津市场监管<u>×</u>先处〔<u>2018</u>〕<u>13</u>号

<u>天津市××区××商店（赵××）</u>：

本机关依据《实施行政强制措施决定书》（津市场监管<u>×</u>实强〔<u>2018</u>〕<u>13</u>号）对你（单位）有关物品采取了行政强制措施。为防止造成不必要的损失，对于其中容易腐烂、变质的物品（详见《（场所、设施、财物）清单》津市场监管<u>×</u>先处〔<u>2018</u>〕<u>13</u>号），

☑经你（单位）同意；

☒按照《______________________》第________条第________款第________项规定可以直接先行处理。

本机关决定先行处理。处理方式：<u>拍卖</u>。

（印章）

<u>2018</u>年<u>4</u>月<u>22</u>日

本文书一式两份。一份送达受送达人，一份市场和质量监督管理部门存档。

# 天津市市场和质量监督管理
# 先行处理物品通知书

津市场监管 × 先处〔2018〕8 号

天津 AA 化肥有限公司：

本机关依据《实施行政强制措施决定书》（津市场监管 × 实强〔2018〕8 号）对你（单位）有关物品采取了行政强制措施。为防止造成不必要的损失，对于其中容易腐烂、变质的物品（详见《（场所、设施、财物）清单》津市场监管 × 先处〔2018〕8 号），

☑经你（单位）同意；

☒按照《　　》第　　条第　　款第　　项规定可以直接先行处理。

本机关决定先行处理。处理方式：拍卖。

（印章）

2018 年 7 月 20 日

本文书一式两份。一份送达受送达人，一份市场和质量监督管理部门存档。

# 天津市市场和质量监督管理
# 先行处理物品通知书

津市场监管＿×＿先处〔2018〕＿4＿号

＿××百货商店（张××）＿＿＿＿：

本机关依据《实施行政强制措施决定书》（津市场监管＿×＿实强〔2018〕＿4＿号）对你（单位）有关物品采取了行政强制措施。为防止造成不必要的损失，对于其中容易腐烂、变质的物品（详见《（场所、设施、财物）清单》津市场监管＿×＿先处〔2018〕＿4＿号），

☑经你（单位）同意;

☒按照《＿＿＿＿＿＿＿＿＿＿＿＿＿＿＿＿》第＿＿＿＿条第＿＿＿＿款第＿＿＿＿项规定可以直接先行处理。

本机关决定先行处理。处理方式：＿变卖＿＿＿＿＿＿＿＿＿＿＿＿＿＿＿＿。

（印章）

2018 年 3 月 25 日

本文书一式两份。一份送达受送达人，一份市场和质量监督管理部门存档。

## 24. 行政处罚事先告知书

# 天津市市场和质量监督管理
# 行政处罚事先告知书

津市场监管____罚告〔____〕____号

___①___________：

由本机关立案调查的你（单位）涉嫌___②_______________________________________________________________一案，已经调查终结。

经查，你（单位）___③___________________________________________________________________________________________________________________________________________________________________________________________________________________________

上述行为（违反了/构成了）《___④_____________________________》第____条第____款第____项（的规定/所指的违法行为），依据《______________________________》第____条第____款第____项的规定，拟对你（单位）给予以下行政处罚：___⑤____________________________________________________________________________________________________________

对上述拟给予的行政处罚，你（单位）可以主张以下（⑥□第1项；□第1、2项）权利：

1.依据《中华人民共和国行政处罚法》第三十二条的规定，你（单位）有陈述和申辩的权利。

2.依据《中华人民共和国行政处罚法》第四十二条第一款的规定，你（单位）还有要求举行听证的权利。

如果主张以上权利，你（单位）应当在收到本告知书之日起三个工作日内向本机关提出。逾期未提出的，视为放弃权利。

联系人：______⑦______________　联系电话：______________________

（印章）

⑧____年____月____日

---

本文书一式两份。一份送达受送达人，一份市场和质量监督管理部门存档。

《行政处罚事先告知书》是市场监管部门在作出行政处罚决定之前，依法告知当事人给予行政处罚决定的事实、理由、依据及处罚内容和当事人所享有的陈述权、申辩权、听证权的书面文书。

（1）文书应用范围

依据《天津市市场和质量监督管理行政处罚程序规定》第六十条、第六十一条的规定，经案件审理委员会集体审理，拟给予行政处罚的，办案机构应当制作并向当事人送达行政处罚事先告知书，告知当事人拟作出行政处罚的事实、理由、依据、处罚内容，并告知当事人依法享有陈述、申辩权；拟给予的行政处罚属于听证范围的，应当一并告知当事人有要求举行听证的权利。当事人陈述、申辩、申请听证，经复核，拟改变原认定的违法事实、理由、依据或者处罚内容的，办案机构应当报案件审理委员会集体审理后重新履行行政处罚告知程序。

（2）填写说明

①中填入当事人的单位名称或姓名（有效主体资格证件上的正式名称）。

②中填入案由，表述涉嫌违法的行为。

③中填入拟作出行政处罚决定的简要事实，要概括性叙述违法时间、违法行为、涉案物品数量、货值金额等。从轻、减轻、从重处罚的还要在此处表述裁量理由及依据，《天津市市场和质量监督管理委员会行政处罚裁量细则（续一）》《天津市市场和质量监督管理委员会行政处罚裁量细则（试行）》等可以作为处罚裁量依据写在本文书中。

④根据相关法律、法规、规章的规定，对当事人的违法行为进行定性。填入当事人违法行为的定性条款，要具体到条、款、项。对于禁止性条款采取“违反了………的规定”，对于仅有界定性条款或罚则的采取“构成了……所指的违法行为”的写法。“（违反了/构成了）”“（的规定/所指的违法行为）”要分别划掉其中一项。对于定性、处罚涉及多个法律依据的要根据实际情况在原有格式上添加。

⑤提出拟处罚的内容，拟责令改正的内容也要在此注明。

⑥括号内的此部分应根据当事人是否有听证权进行选择。对当事人无申请听证权的，勾选“第1项”前的“□”，对当事人有申请听证权的，勾选“第1、2项”,勾选的同时在另一项的“□”内打“×”。

⑦联系人、联系电话的填写目的是方便被告知人联系。视情况填入执法人员姓名及联系电话。

⑧印章下的日期应为文书制作日期。

（3）需要注意的相关问题

1）本文书应当附《送达回证》。

2）经案审会审理作出拟处罚意见后，即可向当事人发出此文书，无需再报送《行政执法有关事项审批表》经机关负责人审批。

3）此文书应以第二人称“你（单位）”来对当事人进行表述，不应完全复制《案件调查终结报告》等文书中使用第三人称来表述的文字内容。

4）《行政处罚事先告知书》应当完整、准确地告知当事人拟作出行政处罚决定的事实、理由、依据、处罚内容以及依法享有的陈述、申辩权。需要说明的是，对于处罚内容的告知，应当注意完整、准确地告知当事人行政处罚具体内容，例如，告知当事人拟罚款人民币5万元。不能告知当事人拟罚款人民币1万～5万元。

5）应特别重视听证权一段的填写方法，以免出现重大的程序性错误。避免当事人享有听证权却未告知，或当事人无听证权却告知的情况。

6）本文书送达后，当事人提出陈述申辩意见的，可以提供书面意见，也可口头提出，由执法人员记入《询问调查笔录》。

7）本文书送达后，当事人要求听证的，应当提出听证申请。

8）本文书送达后，当事人无陈述申辩意见及听证要求的，无需制作《询问调查笔录》或提供书面意见，也无需在《送达回证》中进行注明。

9）当事人陈述、申辩、申请听证，经复核，拟改变原认定的违法事实、理由、依据或者处罚内容的，经案件审理委员会集体审理后必须重新下达本文书履行行政处罚告知程序。

# 天津市市场和质量监督管理
# 行政处罚事先告知书

津市场监管 × 罚告〔2018〕21 号

天津市 ×× 区 ×× 商店（赵 ××）：

由本机关立案调查的你（单位）涉嫌销售侵犯注册商标专用权的白酒一案，已经调查终结。

经查，你（单位）2017 年 12 月 1 日购进“洋河海之蓝”等 4 种型号白酒 12 瓶用于销售，进货时未索要票据，不能说明商品的合法来源及提供者。经商标权利人鉴别，以上白酒属侵权商品。本案违法经营额 1910 元，未售出，无违法所得。

上述行为（~~违反了~~/构成了）《中华人民共和国商标法》第五十七条第 / 款第 三 项（~~的规定~~/所指的违法行为），依据《中华人民共和国商标法》第 六十 条第 / 款第 / 项的规定，拟对你（单位）给予以下行政处罚：1. 没收侵权的“洋河海之蓝”等 4 种型号白酒 12 瓶；2. 罚款 12.5 万元。

对上述拟给予的行政处罚，你（单位）可以主张以下（☒ 第 1 项；☑ 第 1、2 项）权利：

1. 依据《中华人民共和国行政处罚法》第三十二条的规定，你（单位）有陈述和申辩的权利。

2. 依据《中华人民共和国行政处罚法》第四十二条第一款的规定，你（单位）还有要求举行听证的权利。

如果主张以上权利，你（单位）应当在收到本告知书之日起三个工作日内向本机关提出。逾期未提出的，视为放弃权利。

联系人：李 ×× 联系电话：××××××××

（印章）

2018 年 4 月 25 日

本文书一式两份。一份送达受送达人，一份市场和质量监督管理部门存档。

# 天津市市场和质量监督管理
# 行政处罚事先告知书

津市场监管 × 罚告〔 2018 〕 18 号

天津AA化肥有限公司：

由本机关立案调查的你（单位）涉嫌生产以不合格产品冒充合格产品的复合肥料一案，已经调查终结。

经查，你（单位）2018年6月25日生产的双效肥（复合肥料）30吨被判定为不合格产品，未进行出厂检验就在产品成品包装上印有合格标志，放任了该批次不合格产品的发生。本案货值金额42000元，未售出，无违法所得。鉴于违法产品尚未销售，未造成危害后果，应依据《中华人民共和国行政处罚法》第二十七条第一款第四项和《天津市市场和质量监督管理委员会行政处罚裁量细则（试行）》第二条第二项的规定予以从轻处罚。

上述行为（违反了/~~构成了~~）《 中华人民共和国产品质量法 》第 二十 条第 / 款第 / 项（的规定/~~所指的违法行为~~），依据《 中华人民共和国产品质量法 》第 五十 条第 / 款第 / 项的规定，拟对你（单位）给予以下行政处罚：1.没收违法生产的30吨双效肥（复合肥料）；2.处违法生产产品货值金额50%的罚款21000元。

对上述拟给予的行政处罚，你（单位）可以主张以下（☒第1项；☑第1、2项）权利：

1.依据《中华人民共和国行政处罚法》第三十二条的规定，你（单位）有陈述和申辩的权利。

2.依据《中华人民共和国行政处罚法》第四十二条第一款的规定，你（单位）还有要求举行听证的权利。

如果主张以上权利，你（单位）应当在收到本告知书之日起三个工作日内向本机关提出。逾期未提出的，视为放弃权利。

联系人： 刘× 联系电话： ×××××××××

（印章）

2018 年 8 月 1 日

本文书一式两份。一份送达受送达人，一份市场和质量监督管理部门存档。

# 天津市市场和质量监督管理
# 行政处罚事先告知书

津市场监管 × 罚告〔2018〕2 号

蒋××:

由本机关立案调查的你(单位)涉嫌未取得《药品经营许可证》经营药品一案,已经调查终结。

经查,你(单位)自×年×月×日起,未取得《药品经营许可证》擅自在天津市××区××路××号销售阿莫西林胶囊等药品,剩余药品110盒。本案货值金额2450元,违法所得1500元。

上述行为(违反了/~~构成子~~)《中华人民共和国药品管理法》第十四条第 / 款第 / 项(的规定/~~所指的违法行为~~),依据《中华人民共和国药品管理法》第七十二条第 / 款第 / 项的规定,拟对你(单位)给予以下行政处罚:1.没收违法购进的药品阿莫西林胶囊110盒;2.没收违法所得1500元;3.处违法销售药品货值金额3.5倍的罚款8575元。

对上述拟给予的行政处罚,你(单位)可以主张以下(☒第1项;☑第1、2项)权利:

1.依据《中华人民共和国行政处罚法》第三十二条的规定,你(单位)有陈述和申辩的权利。

2.依据《中华人民共和国行政处罚法》第四十二条第一款的规定,你(单位)还有要求举行听证的权利。

如果主张以上权利,你(单位)应当在收到本告知书之日起三个工作日内向本机关提出。逾期未提出的,视为放弃权利。

联系人:张××　　联系电话:×××××××××

（印章）

2018年7月16日

本文书一式两份。一份送达受送达人,一份市场和质量监督管理部门存档。

## 25. 行政处罚听证通知书

# 天津市市场和质量监督管理
# 行政处罚听证通知书

津市场监管____听通〔____〕____号

______①______________:

根据你（单位）的要求，本机关决定于__②__年__月__日__时__分在__③______________________对你（单位）涉嫌______④________________________________________________一案举行听证，请你（单位）凭本通知准时参加。

申请延期举行的，应当在__⑤__年__月__日前向本机关提出，由本机关决定是否延期。无正当理由不出席的，按放弃听证权处理。

本次听证会主持人由__⑥________担任，记录员由__⑦________担任。如申请听证主持人、记录员回避，可于听证会开始前提出回避申请。

如果委托他人（一至二人）代为参加听证，请提交由委托人签名或者盖章的授权委托书，委托书应当载明委托事项及权限。委托代理人代为放弃行使陈述权、申辩权和质证权的，必须有委托人的明确授权。

请参加人员携带有效身份证件及其复印件。

联系人：__⑧________联系电话：__________

（印章）

⑨____年____月____日

本文书一式两份。一份送达受送达人，一份市场和质量监督管理部门存档。

《行政处罚听证通知书》是市场监管部门依法告知当事人举行听证的时间、地点及相关事项的书面通知性文书。

（1）文书应用的范围

听证主持人依据《天津市市场和质量监督管理行政处罚程序规定》第六十六条的规定，依法确定听证的时间、地点，并以行政机关的名义通知当事人时使用。

（2）填写说明

①中填入当事人的单位名称或姓名。

②中填入举行听证的具体时间。

③中填入举行听证的详细地点，写明门牌号、房间号等。

④中对当事人所涉嫌构成的违法行为进行简要概述。

⑤一般填入听证日期的前一个工作日。

⑥中填入听证主持人的姓名。

⑦中填入记录员的姓名。

⑧联系人、联系电话的填写目的是方便当事人联系。填入负责组织听证的机构有关人员姓名及电话。

⑨印章下的日期应为文书制作日期。

（3）需要注意的相关问题

1）本文书应当附《送达回证》。为规范授权委托书的格式，应将两份制式的《授权委托书》与本文书一并进行送达，以便当事人委托一到两名代理人代为参加听证时使用。

2）通知时限。填写该文书应当注意合理确定举行听证的时间。为此应当注意两点：一是确定的时间应当符合《中华人民共和国行政处罚法》以及《天津市市场和质量监督管理行政处罚程序规定》关于听证通知时限的规定，即应当在举行听证7日前通知当事人；二是考虑可行性，即如果是邮寄送达或者委托送达，应当将文书的在途时间预留充分。

3）延期听证。当事人提出延期听证的原则上至少在听证会举行前一个工作日提出。当事人未在听证通知书明确的时间提出延期申请，此后由于不可抗力或者其他正当理由不能参加听证，并在听证会召开前及时通知听证机构的，可以视为在允许的时间内提出延期听证申请。该申请需经听证主持人批准。

4）参加人员参加听证时应携带有效身份证件及其复印件。如果委托他人（一至二人）代为参加听证，应提交由委托人签名或者盖章的《授权委托书》。

# 天津市市场和质量监督管理
# 行政处罚听证通知书

津市场监管 × 听通〔2018〕21 号

天津市××区××商店（赵××）：

根据你（单位）的要求，本机关决定于 2018 年 5 月 6 日 9 时 0 分在 天津市××区市场和质量监督管理局（××区××路××号）××会议室 对你（单位）涉嫌销售侵犯注册商标专用权的白酒 一案举行听证，请你（单位）凭本通知准时参加。

申请延期举行的，应当在 2018 年 5 月 5 日前向本机关提出，由本机关决定是否延期。无正当理由不出席的，按放弃听证权处理。

本次听证会主持人由 郑×× 担任，记录员由 周×× 担任。如申请听证主持人、记录员回避，可于听证会开始前提出回避申请。

如果委托他人（一至二人）代为参加听证，请提交由委托人签名或者盖章的授权委托书，委托书应当载明委托事项及权限。委托代理人代为放弃行使陈述权、申辩权和质证权的，必须有委托人的明确授权。

请参加人员携带有效身份证件及其复印件。

联系人： 郑×× 联系电话： ×××××××××

（印章）

2018 年 4 月 28 日

本文书一式两份。一份送达受送达人，一份市场和质量监督管理部门存档。

# 天津市市场和质量监督管理
# 行政处罚听证通知书

津市场监管 × 听通〔 2018 〕 3 号

天津AA化肥有限公司：

根据你（单位）的要求，本机关决定于 2018 年 8 月 11 日 9 时 00 分在 天津市××区市场和质量监督管理局（××区××路××号）二楼会议室 对你（单位）涉嫌 生产以不合格产品冒充合格产品的复合肥料 一案举行听证，请你（单位）凭本通知准时参加。

申请延期举行的，应当在 2018 年 8 月 10 日前向本机关提出，由本机关决定是否延期。无正当理由不出席的，按放弃听证权处理。

本次听证会主持人由 郝× 担任，记录员由 魏× 担任。如申请听证主持人、记录员回避，可于听证会开始前提出回避申请。

如果委托他人（一至二人）代为参加听证，请提交由委托人签名或者盖章的授权委托书，委托书应当载明委托事项及权限。委托代理人代为放弃行使陈述权、申辩权和质证权的，必须有委托人的明确授权。

请参加人员携带有效身份证件及其复印件。

联系人： 郝× 联系电话： ×××××××××

（印章）

2018 年 8 月 2 日

本文书一式两份。一份送达受送达人，一份市场和质量监督管理部门存档。

# 天津市市场和质量监督管理
# 行政处罚听证通知书

津市场监管__×__听通〔__2018__〕__1__号

__×× 医院__：

根据你（单位）的要求，本机关决定于__2018__年__7__月__20__日__9__时__0__分在__天津市××区市场和质量监督管理局（××区××路××号）××室__对你（单位）涉嫌__使用劣药护肝丸__一案举行听证，请你（单位）凭本通知准时参加。

申请延期举行的，应当在__2018__年__7__月__19__日前向本机关提出，由本机关决定是否延期。无正当理由不出席的，按放弃听证权处理。

本次听证会主持人由__冯××__担任，记录员由__江××__担任。如申请听证主持人、记录员回避，可于听证会开始前提出回避申请。

如果委托他人（一至二人）代为参加听证，请提交由委托人签名或者盖章的授权委托书，委托书应当载明委托事项及权限。委托代理人代为放弃行使陈述权、申辩权和质证权的，必须有委托人的明确授权。

请参加人员携带有效身份证件及其复印件。

联系人：__冯××__ 联系电话：__××××××__

（印章）

__2018__年__7__月__8__日

本文书一式两份。一份送达受送达人，一份市场和质量监督管理部门存档。

## 26. 履行行政处罚决定催告书

# 天津市市场和质量监督管理
# 履行行政处罚决定催告书

津市场监管____履催〔____〕____号

___①___：

本机关对你(单位)作出的行政处罚决定(津市场监管__________罚〔____〕____号)已于___②___年__月__日依法送达你(单位)。你(单位)至今未履行以下义务：③

□缴纳违法所得____元；

□缴纳未缴清的罚款____元；

□缴纳加处罚款____元；

□__________________________________________________。

请接到本催告书后十个工作日内依法履行上述义务。履行金钱给付义务的，应缴款到___④___________________________________________________________________________________________________________________________。逾期本机关将依据《中华人民共和国行政强制法》第五十三条、第五十四条的规定，依法向人民法院申请强制执行。

如你(单位)对本机关作出的履行行政处罚决定催告不服，可在接到本催告书后十个工作日内进行陈述和申辩。

⑤联系人：____________________联系电话：__________

(印章)

⑥____年__月__日

本文书一式两份。一份送达受送达人，一份市场和质量监督管理部门存档。

《履行行政处罚决定催告书》是市场监管部门依据《中华人民共和国行政强制法》第五十四条规定，通知当事人在一定期限内履行行政处罚义务，并向有管辖权的人民法院申请强制执行前使用的执法文书。

（1）文书应用范围

凡向人民法院申请行政处罚强制执行的案件，申请强制执行前应履行此程序，制作该文书。

（2）填写说明

①写明被通知的当事人全称。

②写明行政处罚决定书文号、送达日期。

③填写尚未履行义务的具体内容。在填写时根据具体情况在“□”内勾选项目，并在空格处填写具体的数额。前三项未列举的其他义务写在第四项的横线处。如果当事人已履行一部分，尚未完全履行的，则填写尚未完成的部分。在不涉及的其他项目前的“□”内一定要打“×”。

④填写缴款的指定银行网点。

⑤写明办案机构联系人及联系电话。

⑥加盖行政部门印章及文书制作日期。

（3）需要注意的相关问题

1）本文书应附《送达回证》。

2）在行政处罚决定书对于当事人逾期未缴纳罚款已明确作出加处罚款决定的情况下，对当事人进行催告时，不要将“加处罚款”遗漏掉。

# 天津市市场和质量监督管理
# 履行行政处罚决定催告书

津市场监管 × 履催〔2018〕2 号

天津市××区××商店（赵××）：

本机关对你（单位）作出的行政处罚决定（津市场监管 × 罚〔2018〕21 号）已于 2018 年 5 月 13 日依法送达你（单位）。你（单位）至今未履行以下义务：

☒ 缴纳违法所得＿＿＿＿元；

☑ 缴纳未缴清的罚款 12.5 万 元；

☑ 缴纳加处罚款 12.5 万 元；

☒ ＿＿＿＿＿＿＿＿＿＿＿＿＿＿＿＿＿＿＿＿。

请接到本催告书后十个工作日内依法履行上述义务。履行金钱给付义务的，应缴款到中国工商银行天津分行、中国农业银行天津分行、中国银行天津分行、中国建设银行天津分行、中国光大银行天津分行、天津银行、浙商银行天津分行等市财政指定非税收入收缴银行对公网点。逾期本机关将依据《中华人民共和国行政强制法》第五十三条、第五十四条的规定，依法向人民法院申请强制执行。

如你（单位）对本机关作出的履行行政处罚决定催告不服，可在接到本催告书后十个工作日内进行陈述和申辩。

联系人：李××　　　　联系电话：××××××××

（印章）

2018 年 11 月 15 日

本文书一式两份。一份送达受送达人，一份市场和质量监督管理部门存档。

# 天津市市场和质量监督管理
# 履行行政处罚决定催告书

津市场监管 × 履催〔2018〕2 号

天津 AA 化肥有限公司：

本机关对你（单位）作出的行政处罚决定（津市场监管 × 罚〔2018〕18 号）已于 2018 年 3 月 16 日依法送达你（单位）。你（单位）至今未履行以下义务：

☒ 缴纳违法所得____元；

☑ 缴纳未缴清的罚款 11000 元；

☑ 缴纳加处罚款 11000 元；

☒ ________________________________。

请接到本催告书后十个工作日内依法履行上述义务。履行金钱给付义务的，应缴款到中国工商银行天津分行、中国农业银行天津分行、中国银行天津分行、中国建设银行天津分行、中国光大银行天津分行、天津银行、浙商银行天津分行等市财政指定非税收入收缴银行对公网点。逾期本机关将依据《中华人民共和国行政强制法》第五十三条、第五十四条的规定，依法向人民法院申请强制执行。

如你（单位）对本机关作出的履行行政处罚决定催告不服，可在接到本催告书后十个工作日内进行陈述和申辩。

联系人： 刘 ×× 联系电话： ××××××××

（印章）

2018 年 9 月 18 日

本文书一式两份。一份送达受送达人，一份市场和质量监督管理部门存档。

# 天津市市场和质量监督管理
# 履行行政处罚决定催告书

津市场监管 × 履催〔 2018 〕 3 号

××药业有限公司：

本机关对你（单位）作出的行政处罚决定（津市场监管 × 罚〔 2018 〕 8 号）已于 2018 年 4 月 10 日依法送达你（单位）。你（单位）至今未履行以下义务：

☑ 缴纳违法所得 450 元；

☑ 缴纳未缴清的罚款 5075 元；

☑ 缴纳加处罚款 5075 元；

☒ ______。

请接到本催告书后十个工作日内依法履行上述义务。履行金钱给付义务的，应缴款到中国工商银行天津分行、中国农业银行天津分行、中国银行天津分行、中国建设银行天津分行、中国光大银行天津分行、天津银行、浙商银行天津分行等市财政指定非税收入收缴银行对公网点。逾期本机关将依据《中华人民共和国行政强制法》第五十三条、第五十四条的规定，依法向人民法院申请强制执行。

如你（单位）对本机关作出的履行行政处罚决定催告不服，可在接到本催告书后十个工作日内进行陈述和申辩。

联系人： 张×× 联系电话： ××××××××

（印章）

2018 年 10 月 15 日

本文书一式两份。一份送达受送达人，一份市场和质量监督管理部门存档。

## 27. 回避决定书

# 天津市市场和质量监督管理
# 回 避 决 定 书

津市场监管____避〔____〕____号

申请人：　①____________________
法定代表人（负责人）：____________________
被申请人：　②____________________
工作单位及职务：____________________

申请人于___③___年___月___日以____________________为由，要求被申请人在处理____________________中进行回避。

经审查，申请人的回避申请（④□符合；□不符合）《___⑤___》第____条第____款第____项规定的情形，本机关依法予以（⑥□核准；□驳回）。

（印章）
⑦____年___月___日

本文书一式两份。一份送达受送达人，一份市场和质量监督管理部门存档。

《回避决定书》是市场监管部门在依法行使职权，查办涉嫌违法案件过程中，依照有关规定，对相关执法人员或者负责人是否回避参与办理具体行政案件作出决定，并告知当事人的一种执法文书。

（1）文书应用范围

依据《天津市市场和质量监督管理行政处罚程序规定》第五条：市场监督部门办理行政处罚案件实行回避制度。执法人员有下列情形之一的，应当申请回避；当事人也有权申请其回避：

1）是本案的当事人；

2）是本案当事人的近亲属；

3）与本案有直接利害关系。

前款规定的回避由市场监管部门负责人决定；市场监管部门负责人的回避应当由主要负责人决定，主要负责人的回避应当由其他负责人集体研究决定。

（2）填写说明

①填入申请回避的当事人姓名或者单位名称、法定代表人（负责人）姓名。

②填入被申请回避的执法人员或者负责人姓名、工作单位及职务。

③填入申请人提出申请的时间和事由以及具体案件的名称。

④在“□”内勾选是否符合，在另一项的“□”内打“×”。

⑤填入法律、法规或《天津市市场和质量监督管理行政处罚程序规定》中相应的具体条款。

⑥在“□”内勾选“核准”或“驳回”，在另一项的“□”内打“×”。

⑦填入制作文书的时间，并加盖行政机关的印章。

（3）需要注意的相关问题

1）本文书应当附《送达回证》

2）执法人员的回避应当由机关负责人决定，负责人的回避应当由主要负责人决定，主要负责人的回避应当由其他负责人集体研究决定。需要制作《行政执法有关事项审批表》或《案件审理记录》。

# 天津市市场和质量监督管理
# 回 避 决 定 书

津市场监管 × 避〔2018〕2 号

申请人：天津市 ×× 区 ×× 商店（赵 ××）

法定代表人（负责人）：赵 ××

被申请人： 李 ××

工作单位及职务：天津市 ×× 区 ×× 市场和质量监督管理所科员

申请人于 2018 年 4 月 6 日以被申请人与本案有利害关系 为由，要求被申请人在处理申请人涉嫌销售侵犯注册商标专用权的白酒一案 中进行回避。

经审查，申请人的回避申请（☒ 符合；☑ 不符合）《天津市市场和质量监督管理行政处罚程序规定》第 五 条第 一 款第 / 项规定的情形，本机关依法予以（☒ 核准；☑ 驳回）。

（印章）

2018 年 4 月 8 日

本文书一式两份。一份送达受送达人，一份市场和质量监督管理部门存档。

# 天津市市场和质量监督管理
# 回 避 决 定 书

津市场监管 × 避〔 2018 〕 3 号

申请人： 天津 AA 化肥有限公司

法定代表人（负责人）： 武 ××

被申请人： 刘 ×

工作单位及职务：天津市 ×× 区 ×× 市场和质量监督管理所科员

请人于 2018 年 7 月 9 日以被申请人与本案有利害关系 为由，要求被申请人在处理申请人涉嫌生产以不合格产品冒充合格产品的复合肥料一案 中进行回避。

经审查，申请人的回避申请（☒ 符合；☑ 不符合）《天津市市场和质量监督管理行政处罚程序规定 》第 五 条第 一 款第 / 项规定的情形，本机关依法予以（☒ 核准；☑ 驳回）。

（印章）

2018 年 7 月 10 日

本文书一式两份。一份送达受送达人，一份市场和质量监督管理部门存档。

# 天津市市场和质量监督管理
# 回 避 决 定 书

津市场监管 × 避〔2018〕2 号

申请人：天津市 ×× 大药房

法定代表人（负责人）：马 ××

被申请人：张 ××

工作单位及职务：天津市 ×× 区市场和质量监督管理局 ×× 科科员

申请人于 2018 年 5 月 10 日以被申请人与本案有利害关系为由，要求被申请人在处理申请人涉嫌销售劣药护肝丸一案中进行回避。

经审查，申请人的回避申请（☒ 符合；☑ 不符合）《天津市市场和质量监督管理行政处罚程序规定》第 五 条第 一 款第 / 项规定的情形，本机关依法予以（☒ 核准；☑ 驳回）。

（印章）

2018 年 5 月 13 日

本文书一式两份。一份送达受送达人，一份市场和质量监督管理部门存档。

## 28. 实施行政强制措施决定书

# 天津市市场和质量监督管理
# 实施行政强制措施决定书

津市场监管____实强〔____〕____号

当事人姓名或者单位名称：________①________

主体资格证件名称及号码：________________

住所（经营场所）或者住址：________________

法定代表人（负 责 人）：________________

经查，你（单位）涉嫌________②________，本机关依据《____③____》第____条第____款第____项的规定，现决定对你（单位）的（④□场所、□设施、□财物）予以（⑤□查封；□扣押；□________）。名称、数量等信息详见《（场所、设施、财物）清单》（津市场监管____实强〔____〕____号）

实施行政强制措施期限：__⑥__日。在此期间，任何人不得擅自使用、隐匿、转移、变卖、损毁本决定所列（⑦场所、设施、财物），否则将依法追究有关责任人员的法律责任。

查封（扣押）物品保存地点：____⑧________________

查封（扣押）物品保存条件：____⑨____

对物品需要进行检测、检验、检疫或者鉴定的，查封、扣押的期间不包括检测、检验、检疫或者鉴定的期间。具体期间另行书面告知。情况复杂，需要延长期限的，本机关将另行书面告知。

你（单位）可以对本决定进行陈述和申辩。如对本决定不服，可以于收到本决定书之日起__⑩__内依法向________________或者________人民政府申请行政复议，也可以于________内依法向________人民法院提起行政诉讼。

⑪________________

（名称及印章）

____年__月__日

本文书一式两份。一份送达受送达人，一份市场和质量监督管理部门存档。

《实施行政强制措施决定书》是市场监管部门对当事人实施行政强制措施时发给当事人的书面文书。

（1）文书应用范围

依据《中华人民共和国行政强制法》《中华人民共和国商标法》《中华人民共和国广告法》《中华人民共和国产品质量法》《中华人民共和国特种设备安全法》《中华人民共和国食品安全法》《中华人民共和国药品管理法》等法律法规规定在监督检查、调查、查处涉嫌违法行为当中依法实施查封、扣押等行政强制措施时使用。

（2）填写说明

①当事人基本情况的填写详见《文书排版及有关事项说明》。

②填入对当事人所涉嫌构成的违法行为进行的简要概述。

③填入实施行政强制措施的依据，应尽量具体，引用至条、款、项。

④场所、设施、财物根据具体情况在“□”内勾选一项或者同时勾选多项，不涉及的在“□”内打“×”。

⑤在“□”内勾选适用的强制措施类型，在不适用的强制措施类型前的“□”内打“×”；在适用的行政强制措施不是所列举的查封和扣押时，在空白横线上填入适用的行政强制措施类型。

⑥查封扣押时间按照行政强制法不超过30日。如其他法律、行政法规对强制期限另有规定，应按照相关规定执行。

⑦由于以上已对“场所、设施、财物”进行过一次选择，此处括号内不再重复勾选和删除。

⑧地点为查封扣押物品的具体保存地点，写明具体方位，比地址更具体。查封物品多为被检查地点就地封存，扣押物品保存地点一般为行政机关所在地或指定的存放地点。非查封扣押物品的不填写此项，在此项划斜杠线。

⑨保存条件根据产（物）品性能，以产品说明和当事人提供的证明文件、材料填写。非查封扣押物品的不填写此项，在此项划斜杠线。

⑩复议期限依照行政复议法一般为60日，法律规定多于60日的从其规定。以委名义作出行政强制决定的复议机关填入三总局中相关总局或者天津市人民政府名称；以区局名义作出行政强制决定的复议机关填入天津市市场和质量监督管理委员会或者所在区人民政府。起诉期限依照行政诉讼法一般为6个月。法律另有规定从其规定。填入相关市场监管部门所在地人民法院的名称。

⑪填写作出行政强制措施决定的行政机关名称，盖章，并注明日期。

（3）需要注意的相关问题

1）本文书应当附《（场所、设施、财物）清单》和《送达回证》。被查封场所、设施、财物应加贴《封条》做标记。

2）实施行政强制措施需要按照有关法律法规规定的程序进行。应当填写《行政执法有关事项审批表》，经机关负责人批准实施。情况紧急，需当场实施行政强制措施的，行政执法人员应在24小时内向行政机关负责人报告，并补办批准手续。行政机关负责人认为不应当采取行政强制措施的，应当立即解除。

3）采取查封、扣押时，应当记录《现场检查笔录》。根据《中华人民共和国行政强制法》规定，还应符合下列程序：实施前须向行政机关负责人报告并经批准；由两名以上行政执法人员实施；出示有效行政执法证件；通知当事人到场；当场告知当事人采取行政强制措施的理由、依据以及当事人依法享有的权利、救济途径；听取当事人的陈述和申辩；现场检查笔录由当事人和行政执法人员签名或者盖章，当事人拒绝的，在笔录中予以注明；当事人不到场的，邀请见证人到场，由见证人和行政执法人员在现场检查笔录上签名或者盖章；法律、法规规定的其他程序。

4）在使用《实施行政强制措施决定书》时不要与《先行登记保存证据通知书》相混淆。先行登记保存证据是根据《中华人民共和国行政处罚法》第三十七条第二款所采取的证据保存措施，一般不视为行政强制措施，而行政强制措施必须有其他法律法规的明确规定才能实施。

5）经调查，不需要继续采取行政强制措施的，应当及时解除行政强制措施。

# 天津市市场和质量监督管理
# 实施行政强制措施决定书

津市场监管 × 实强〔2018〕13 号

当事人姓名或者单位名称：天津市 ×× 区 ×× 商店（赵 ××）
主体资格证件名称及号码：营业执照 ××××××××××××××××××
住所（经营场所）或者住址：天津市 ×× 区 ×× 路 ×× 号
法定代表人（负 责 人）：赵 ××

经查，你（单位）涉嫌 销售侵犯注册商标专用权的白酒 ，本机关依据《中华人民共和国商标法》第 六十二 条第 一 款第 四 项的规定，现决定对你（单位）的（☒ 场所、☒ 设施、☑ 财物）予以（☒ 查封；☑ 扣押；☒ ________）。名称、数量等信息详见《（场所、设施、财物）清单》（津市场监管 × 实强〔2018〕13 号）

实施行政强制措施期限：三十 日。在此期间，任何人不得擅自使用、隐匿、转移、变卖、损毁本决定所列（场所、设施、财物），否则将依法追究有关责任人员的法律责任。

查封（扣押）物品保存地点：天津市 ×× 区市场和质量监督管理局仓库

查封（扣押）物品保存条件：常温

对物品需要进行检测、检验、检疫或者鉴定的，查封、扣押的期间不包括检测、检验、检疫或者鉴定的期间。具体期间另行书面告知。情况复杂，需要延长期限的，本机关将另行书面告知。

你（单位）可以对本决定进行陈述和申辩。如对本决定不服，可以于收到本决定书之日起六十日内依法向天津市市场和质量监督管理委员会或者天津市 ×× 区人民政府申请行政复议，也可以于六个月内依法向天津市 ×× 区人民法院提起行政诉讼。

天津市 ×× 区市场和质量监督管局
（名称及印章）
2018 年 4 月 6 日

本文书一式两份。一份送达受送达人，一份市场和质量监督管理部门存档。

# 天津市市场和质量监督管理
# 实施行政强制措施决定书

津市场监管 × 实强〔2018〕 15 号

当事人姓名或者单位名称：天津 AA 化肥有限公司

主体资格证件名称及号码：营业执照 1201000006××××

住所（经营场所）或者住址：武××

法定代表人（负 责 人）：天津市××区××路××号

经查，你（单位）涉嫌生产以不合格产品冒充合格产品的复合肥料，本机关依据《中华人民共和国产品质量法》第十八条第一款第四项的规定，现决定对你（单位）的（☒场所、☒设施、☑财物）予以（☒查封；☑扣押；☒＿＿＿＿）。名称、数量等信息详见《（场所、设施、财物）清单》（津市场监管 × 实强〔2018〕15 号）

实施行政强制措施期限：三十日。在此期间，任何人不得擅自使用、隐匿、转移、变卖、损毁本决定所列（场所、设施、财物），否则将依法追究有关责任人员的法律责任。

查封（扣押）物品保存地点：天津市××区市场和质量监督管理局仓库

查封（扣押）物品保存条件：常温

对物品需要进行检测、检验、检疫或者鉴定的，查封、扣押的期间不包括检测、检验、检疫或者鉴定的期间。具体期间另行书面告知。情况复杂，需要延长期限的，本机关将另行书面告知。

你（单位）可以对本决定进行陈述和申辩。如对本决定不服，可以于收到本决定书之日起六十日内依法向天津市市场和质量监督管理委员会或者天津市××区人民政府申请行政复议，也可以于六个月内依法向天津市××区人民法院提起行政诉讼。

天津市××区市场和质量监督管局

（名称及印章）

2018 年 7 月 8 日

本文书一式两份。一份送达受送达人，一份市场和质量监督管理部门存档。

# 天津市市场和质量监督管理
# 实施行政强制措施决定书

津市场监管 × 实强〔 2018 〕 1 号

当事人姓名或者单位名称： ××药业有限公司
主体资格证件名称及号码： 营业执照 ××××××××××××××
住所（经营场所）或者住址： 天津市××区××路××号
法定代表人（负 责 人）： 吴××

经查，你（单位）涉嫌销售劣药护肝丸，本机关依据《 中华人民共和国药品管理法 》第六十五条第 二 款第 / 项的规定，现决定对你（单位）的（☒场所、☒设施、☑财物）予以（☒查封；☑扣押；☒______）。名称、数量等信息详见《（场所、设施、财物）清单》（津市场监管 × 实强〔 2018 〕 1 号）

实施行政强制措施期限： 三十 日。在此期间，任何人不得擅自使用、隐匿、转移、变卖、损毁本决定所列（场所、设施、财物），否则将依法追究有关责任人员的法律责任。

查封（扣押）物品保存地点：天津市××区市场和质量监督管理局公物仓（天津市××区××路××号）

查封（扣押）物品保存条件： 常温

对物品需要进行检测、检验、检疫或者鉴定的，查封、扣押的期间不包括检测、检验、检疫或者鉴定的期间。具体期间另行书面告知。情况复杂，需要延长期限的，本机关将另行书面告知。

你（单位）可以对本决定进行陈述和申辩。如对本决定不服，可以于收到本决定书之日起六十日内依法向天津市市场和质量监督管理委员会或者天津市××区人民政府申请行政复议，也可以于六个月内依法向天津市××区人民法院提起行政诉讼。

天津市××区市场和质量监督管局
（名称及印章）
2018 年 3 月 5 日

本文书一式两份。一份送达受送达人，一份市场和质量监督管理部门存档。

## 29. 延长行政强制措施期限决定书

# 天津市市场和质量监督管理
# 延长行政强制措施期限决定书

津市场监管____延强〔____〕____号

当事人姓名或者单位名称：____①____
主体资格证件名称及号码：________
住所（经营场所）或者住址：________
法定代表人（负 责 人）：________

本机关依据《实施行政强制措施决定书》（津市场监管________实强〔____〕____号）对你（单位）有关（②□场所、□设施、□财物）采取了行政强制措施。因情况复杂，依据《中华人民共和国行政强制法》第二十五条的规定，经本机关负责人批准，决定将（③□全部；□部分）（④场所、设施、财物）的行政强制措施期限延长__⑤____日。

部分延长的，后附《（场所、设施、财物）清单》（津市场监管__⑥____延强〔____〕____号）

对物品需要进行检测、检验、检疫或者鉴定的，查封、扣押的期间不包括检测、检验、检疫或者鉴定的期间。具体期间另行书面告知。

你（单位）可以对本决定进行陈述和申辩。如对本决定不服，可以于收到本决定书之日起__⑦____内依法向________或者________人民政府申请行政复议，也可以于________内依法向________人民法院提起行政诉讼。

（印章）

⑧____年__月__日

本文书一式两份。一份送达受送达人，一份市场和质量监督管理部门存档。

《延长行政强制措施期限决定书》是市场监管部门在案件查办过程中，决定对已查封（扣押）物品或者查封场所延长查封扣押期限所使用的文书。

（1）文书应用范围

依据《行政强制法》第二十五条，需要延长查封、扣押期限的，必须书面告知当事人延长查封、扣押的期限，可使用本文书。

（2）填写说明

①当事人基本情况的填写详见《文书排版及有关事项说明》。

②场所、设施、财物根据具体情况在“□”内勾选一项或者同时勾选多项，不涉及的在“□”内打“×”。

③延长强制措施期限的对象可能是采取行政行政措施时的全部，也可能由于先行处理物品、部分解除强制措施、抽样检验等原因导致延期的仅是《实施行政强制措施决定书》中所列的一部分。应根据具体情况在“□”内勾选其中一个，在另一项前的“□”内打“×”。

④由于以上已对“场所、设施、财物”进行过一次选择，此处括号内不再重复勾选和删除）

⑤填入经机关负责人批准的延长日期。依据《行政强制法》第二十五条，延长期限不得超过30日，法律、行政法规另有规定的从其规定。

⑥部分延期的附《（场所、设施、财物）清单》，清单上列明所需要延期的场所、设施、财物具体情况。

⑦写明当事人的救济途径，同《实施行政强制措施决定书》。

⑧日期为文书制作日期，加盖市场监管部门印章。

（3）需要注意的相关问题

1）本文书应当附《送达回证》。部分延期的，要附《（场所、设施、财物）清单》。

2）延长行政强制措施期限应当填写《行政执法有关事项审批表》，经机关负责人批准实施。应当在行政强制措施到期前作出。

# 天津市市场和质量监督管理
# 延长行政强制措施期限决定书

津市场监管<u>×</u>延强〔<u>2018</u>〕<u>13</u>号

当事人姓名或者单位名称：<u>天津市××区××商店（赵××）</u>
主体资格证件名称及号码：<u>营业执照××××××××××××××××××</u>
住所（经营场所）或者住址：<u>天津市××区××路××号</u>
法定代表人（负责人）：<u>赵××</u>

本机关依据《实施行政强制措施决定书》（津市场监管<u>×</u>实强〔<u>2018</u>〕<u>13</u>号）对你（单位）有关（☒场所、☒设施、☑财物）采取了行政强制措施。因情况复杂，依据《中华人民共和国行政强制法》第二十五条的规定，经本机关负责人批准，决定将(☑全部；☒部分）（场所、设施、财物）的行政强制措施期限延长<u>三十</u>日。

部分延长的，后附《（场所、设施、财物）清单》(津市场监管____延强〔____〕____号)

对物品需要进行检测、检验、检疫或者鉴定的，查封、扣押的期间不包括检测、检验、检疫或者鉴定的期间。具体期间另行书面告知。

你（单位）可以对本决定进行陈述和申辩。如对本决定不服，可以于收到本决定书之日起<u>六十日</u>内依法向<u>天津市市场和质量监督管理委员会</u>或者<u>天津市××区</u>人民政府申请行政复议，也可以于<u>六个月</u>内依法向<u>天津市××区</u>人民法院提起行政诉讼。

（印章）

<u>2018</u>年<u>5</u>月<u>5</u>日

本文书一式两份。一份送达受送达人，一份市场和质量监督管理部门存档。

# 天津市市场和质量监督管理
# 延长行政强制措施期限决定书

津市场监管 × 延强〔2018〕 15 号

当事人姓名或者单位名称：天津AA化肥有限公司

主体资格证件名称及号码：营业执照1201000006××××

住所（经营场所）或者住址：武××

法定代表人（负 责 人）：天津市××区××路××号

本机关依据《实施行政强制措施决定书》（津市场监管 × 实强〔2018〕 15 号）对你（单位）有关（☒场所、☒设施、☑财物）采取了行政强制措施。因情况复杂，依据《中华人民共和国行政强制法》第二十五条的规定，经本机关负责人批准，决定将（☑全部；☒部分）（场所、设施、财物）的行政强制措施期限延长 三十 日。

部分延长的，后附《（场所、设施、财物）清单》（津市场监管____延强〔____〕____号）

对物品需要进行检测、检验、检疫或者鉴定的，查封、扣押的期间不包括检测、检验、检疫或者鉴定的期间。具体期间另行书面告知。

你（单位）可以对本决定进行陈述和申辩。如对本决定不服，可以于收到本决定书之日起六十日内依法向天津市市场和质量监督管理委员会或者天津市××区人民政府申请行政复议，也可以于六个月内依法向天津市××区人民法院提起行政诉讼。

（印章）

2018 年 8 月 6 日

本文书一式两份。一份送达受送达人，一份市场和质量监督管理部门存档。

# 天津市市场和质量监督管理
# 延长行政强制措施期限决定书

津市场监管__×__延强〔2018〕__1__号

当事人姓名或者单位名称：××药业有限公司

主体资格证件名称及号码：营业执照××××××××××××××××××

住所（经营场所）或者住址：天津市××区××路××号

法定代表人（负 责 人）：吴××

本机关依据《实施行政强制措施决定书》（津市场监管__×__实强〔2018〕__1__号）对你（单位）有关（☒场所、☒设施、☑财物）采取了行政强制措施。因情况复杂，依据《中华人民共和国行政强制法》第二十五条的规定，经本机关负责人批准，决定将(☑全部；☒部分）（场所、设施、财物）的行政强制措施期限延长__三十__日。

部分延长的，后附《（场所、设施、财物）清单》(津市场监管____延强〔____〕____号）

对物品需要进行检测、检验、检疫或者鉴定的，查封、扣押的期间不包括检测、检验、检疫或者鉴定的期间。具体期间另行书面告知。

你（单位）可以对本决定进行陈述和申辩。如对本决定不服，可以于收到本决定书之日起六十日内依法向天津市市场和质量监督管理委员会或者天津市××区人民政府申请行政复议，也可以于六个月内依法向天津市××区人民法院提起行政诉讼。

（印章）

__2018__年__4__月__3__日

本文书一式两份。一份送达受送达人，一份市场和质量监督管理部门存档。

## 30. 解除行政强制措施决定书

# 天津市市场和质量监督管理
# 解除行政强制措施决定书

津市场监管____解强〔____〕____号

当事人姓名或者单位名称：____①________________________________

主体资格证件名称及号码：________________________________

住所（经营场所）或者住址：________________________________

法定代表人（负责人）：________________________________

本机关依据《实施行政强制措施决定书》（津市场监管____实强〔____〕____号）对你（单位）有关（②□场所、□设施、□财物）采取的行政强制措施，现决定自__③____年__月__日起（④□全部；□部分）予以解除。

部分解除的，后附《（场所、设施、财物）清单》（津市场监管____解强〔____〕____号）

其中需退还你（单位）的财物，请你（单位）于三个月内领取。逾期不领取的，本机关将依法予以处理。

联系人：__⑤________________________联系电话：____________________

（印章）

⑥____年____月____日

本文书一式两份。一份送达受送达人，一份市场和质量监督管理部门存档。

《解除行政强制措施决定书》是市场监管部门决定解除行政强制措施时而发给当事人的书面文书。

（1）文书应用范围

对于实施行政强制措施的场所、设施、财物，经调查核实当事人没有违法行为或者不再需要采取行政强制措施的，应当作出解除行政强制措施决定，向当事人发出本文书。

（2）填写说明

①当事人基本情况的填写详见《文书排版及有关事项说明》。

②场所、设施、财物根据具体情况在“□”内勾选一项或者同时勾选多项，不涉的及在“□”内打“×”。

③填写解除行政强制措施的日期。

④应根据具体情况在“□”内勾选其中一个，在另一项前的“□”内打“×”。

⑤联系人、联系电话的填写目的是方便当事人联系。视情况可以填入执法人员姓名；对于有专门人员负责扣押物品保管，当事人只需和该人员联系即可领取退还物品的，也可以填入该联系人姓名。

⑥印章下的日期应为文书制作日期。

（3）需要注意的相关问题

1）解除行政强制措施依法需经行政机关负责人批准，执法人员应填写《行政执法有关事项审批表》，履行审批程序。

2）本文书应当附《送达回证》。部分解除的，要附《（场所、设施、财物）清单》。

3）解除行政强制措施后，将市场监管部门或者第三人保管的物品交予当事人时，应当使用《涉案物品处理记录》记录有关情况。

4）对于采取行政强制措施的财物，在行政强制措施期间作出处罚决定予以没收的，直接将采取行政强制措施的财物转为没收，不需要再使用《解除行政强制措施决定书》。

# 天津市市场和质量监督管理
# 解除行政强制措施决定书

津市场监管__×__解强〔2018〕__13__号

当事人姓名或者单位名称：天津市××区××商店（赵××）
主体资格证件名称及号码：营业执照××××××××××××××××
住所（经营场所）或者住址：天津市××区××路××号
法定代表人（负 责 人）：赵××

本机关依据《实施行政强制措施决定书》（津市场监管__×__实强〔2018〕__13__号）对你（单位）有关（☒场所、☒设施、☑财物）采取的行政强制措施，现决定自__2018__年__6__月__5__日起（☑全部；☒部分）予以解除。

部分解除的，后附《（场所、设施、财物）清单》（津市场监管____解强〔____〕____号）

其中需退还你（单位）的财物，请你（单位）于三个月内领取。逾期不领取的，本机关将依法予以处理。

联系人：__李××__ 联系电话：__×××××××××__

（印章）

__2018__年__6__月__4__日

本文书一式两份。一份送达受送达人，一份市场和质量监督管理部门存档。

# 天津市市场和质量监督管理
# 解除行政强制措施决定书

津市场监管 × 解强〔2018〕15 号

当事人姓名或者单位名称：天津AA化肥有限公司
主体资格证件名称及号码：营业执照1201000006××××
住所（经营场所）或者住址：武××
法定代表人（负 责 人）：天津市××区××路××号

本机关依据《实施行政强制措施决定书》（津市场监管 × 实强〔2018〕15号）对你（单位）有关（☒场所、☒设施、☑财物）采取的行政强制措施，现决定自2018年9月6日起（☑全部；☒部分）予以解除。

部分解除的，后附《（场所、设施、财物）清单》（津市场监管____解强〔____〕____号）

其中需退还你（单位）的财物，请你（单位）于三个月内领取。逾期不领取的，本机关将依法予以处理。

联系人：刘×× 联系电话：×××××××××

（印章）

2018年9月5日

本文书一式两份。一份送达受送达人，一份市场和质量监督管理部门存档。

# 天津市市场和质量监督管理
# 解除行政强制措施决定书

津市场监管 × 解强〔 2018 〕 1 号

当事人姓名或者单位名称：×× 药业有限公司

主体资格证件名称及号码：营业执照 ×××××××××××××××

住所（经营场所）或者住址：天津市 ×× 区 ×× 路 ×× 号

法定代表人（负 责 人）：吴 ××

本机关依据《实施行政强制措施决定书》（津市场监管 × 实强〔2018〕1 号）对你（单位）有关（☒ 场所、☒ 设施、☑ 财物）采取的行政强制措施，现决定自 2018 年 5 月 4 日起（☑ 全部；☒ 部分）予以解除。

部分解除的，后附《（场所、设施、财物）清单》（津市场监管____解强〔____〕____号）

其中需退还你（单位）的财物，请你（单位）于三个月内领取。逾期不领取的，本机关将依法予以处理。

联系人：张 ×× 联系电话：××××××××

（印章）

2018 年 5 月 3 日

本文书一式两份。一份送达受送达人，一份市场和质量监督管理部门存档。

## 31. 行政处罚决定书

# 天津市市场和质量监督管理
# 行政处罚决定书

津市场监管____罚〔____〕____号

当事人姓名或者单位名称：________________

主体资格证件名称及号码：________________

住所（经营场所）或者住址：________________

法定代表人（负 责 人）：________________

违法事实：________________

________________

________________

________________

________________

________________

________________

主要证据：________________

________________

________________

________________

________________

________________

________________

对当事人陈述、申辩或者听证意见的采纳情况及理由：________________

________________

________________

________________

________________

________________

________________

________________

第____页 共____页

从轻、减轻、从重处罚的理由：____________________________________________
______________________________________________________________
______________________________________________________________
______________________________________________________________
______________________________________________________________
______________________________________________________________

当事人上述行为违反了/构成了《________________________________________
______________________________________》第________条第________款
第________项“__________________________________________________
______________________________________________________________
______________________________________________________________
____________________________________________________________”
的规定/所指的违法行为，依据《__________________________________________
__________________》第________条第________款第________项“______
____________________________________________________________”
的规定，________________________________________________________
______________________________________________________________
____________________________________________________________。

当事人应于收到本决定书之日起十五日内将罚（没）款缴到________________
______________________________________________________________
______________________________________________________________
____________________________________________________________。
逾期不缴纳罚款的，依据《中华人民共和国行政处罚法》第五十一条第一项的规定，每日按罚款数额的百分之三加处罚款，并将依法申请人民法院强制执行。

如对本行政处罚决定不服，可以于收到本决定书之日起____________________
内向____________________________或者________人民政府申请复议，也可以于________内依法向________人民法院提起行政诉讼。

依据《企业信息公示暂行条例》等有关规定，本机关将通过市场主体信用信息公示系统、门户网站、专业网站等公示行政处罚信息。如公示的行政处罚信息不准确，当事人可以申请本机关予以更正。

（名称及印章）

____年__月__日

本文书一式两份。一份送达受送达人，一份市场和质量监督管理部门存档。

第____页　共____页

《行政处罚决定书》是市场监管部门记载对具体违法行为所作出的行政处罚决定的事实、理由、依据及处罚内容等事项的具有法律强制力的书面文书。

（1）文书应用范围

作为行政处罚文书之一，本文书的设计适用范围是按照一般程序查处的行政违法案件。按照简易程序处罚的案件不适用本文书，而应当适用《当场行政处罚决定书》。

（2）填写说明

《行政处罚决定书》的结构总体上分为首部、正文和尾部三部分。各部的内容即顺序如下：

①首部。包括标题、文号、当事人基本情况。

a. 标题、文号已作为本文书的预设栏，制作时作相应的填写即可。

b. 当事人基本情况的写法详见开头《文书排版及有关事项说明》。

②正文。包括违法事实和主要证据、处罚的内容和依据、采纳当事人陈述、申辩和听证意见的情况和理由。可分为两个部分或者段落写明。

第一部分叙述违法事实和主要证据。这部分是《行政处罚决定书》的重点内容。在此，需要注意这样几个问题：一是将案件事实表述清楚。要以违法行为的构成要件即违法主体、客体、主观方面、客观方面为指导，既揭示案件的本质和特点，又抓住作案时间、地点、人物、手段、经过和结果等事实要素，阐明整个违法事实情况。二是要将认定案件事实所依据的证据列举清楚，所列举的证据要符合证据的基本要素，根据证据规则应当能够认定案件事实。必要时可以将证据与所证明的事实分类列明。三是将影响行政处罚裁量的相关内容加以表述，例如，违法行为的危害程度、违法所得数量、当事人的认识态度、悔改表现等。

第二部分写明行政处罚的依据和内容。行政处罚的依据包括两种：一是违法依据，即违法行为所直接违反的法律、法规和规章及其规定。它既是判定行为是否违法的依据，也是判定行为属何种违法即定性的依据。二是处罚依据，即决定处罚内容所依据的法律、法规和规章及其规定。在表述行政处罚依据时，应当注意，引用依据应当具体到所依据法律、法规和规章的条、款、项，而不能表达为“根据某法的有关规定”。行政处罚的内容是指对当事人处以处罚的种类以及处罚的幅度，有多项的，分项写明。

采纳当事人陈述、申辩、听证意见的情况和理由亦应当在本文书中予以体现。在这一部分中，应当将当事人是否行使、如何行使陈述、申辩、听证权，以及陈述、申辩、听证意见的主要内容加以表述，说明行政机关采纳或者不予采纳的理由。当事人的陈述、申辩权贯穿于整个处罚案件的办理过程中，因此这里的陈述、申辩不仅限于当事人在收到行政机关的《行政处罚事先告知书》后所作的陈述、申辩。

从轻、减轻、从重处罚的，应当表述裁量理由及依据。《天津市市场和质量监督管理委员会行政处罚裁量细则（续一）》《天津市市场和质量监督管理委员会行政处罚裁量细则（试行）》等可以作为处罚裁量依据写在本文书中。

③尾部。包括以下三项内容：

第一，行政处罚的履行方式、期限及不按期履行的后果。其中，规定有罚（没）

款的，应当载明代收机构的名称以及对当事人逾期缴纳罚款是否加处罚款。对此，一般表述为“请于收到本决定书之日起十五日内将罚（没）款缴到……………………。逾期不缴纳罚款的，依据《中华人民共和国行政处罚法》第五十一条第一项的规定，每日按罚款数额的百分之三加处罚款，并将依法申请人民法院强制执行。”代收机构以市财政局指定银行为准，一般写为“中国工商银行天津分行、中国农业银行天津分行、中国银行天津分行、中国建设银行天津分行、中国光大银行天津分行、天津银行、浙商银行天津分行所属网点等市财政指定非税收入收缴银行对公网点”。

第二，不服行政处罚决定申请行政复议或者提起行政诉讼的途径和期限。复议期限依照行政复议法一般为60日，法律规定多于60日的从其规定。起诉期限依照行政诉讼法一般为6个月，法律另有规定从其规定。

第三，作出行政处罚决定的行政机关名称和作出处罚决定的日期，并加盖作出行政处罚决定的机关印章。作出处罚决定的日期应以《行政处罚决定审批表》中行政机关负责人审批日期为准。

（3）需要注意的相关问题

1）本文书应当附《送达回证》，并于作出之日起七日内进行送达。处罚内容中没收物品较多时，需附《（场所、设施、财物）清单》对没收物品进行详细列明。

2）内容要完整。《中华人民共和国行政处罚法》第三十九条规定的事项必须全部齐备，缺一不可。

3）叙述要准确。要经得起行政复议、诉讼等各种方式、各个方面的监督。

4）证据要按照证据组列举，与《案件调查终结报告》不同的是，不强制要求注明每组证据的证明事项。

5）减轻、从轻、从重行政处罚的，应当写明裁量理由及依据；其他案件可不表述裁量理由，删掉此段内容。

6）违法依据和处罚依据应当具有内在的一致性，不能出现两者互不相关的情况。

# 天津市市场和质量监督管理
# 行政处罚决定书

津市场监管 × 罚〔2018〕21 号

当事人姓名或者单位名称：天津市 ×× 区 ×× 商店（赵 ××）
主体资格证件名称及号码：营业执照 ××××××××××××××××××
住所（经营场所）或者住址：天津市 ×× 区 ×× 路 ×× 号
法定代表人（负 责 人）：赵 ××

违法事实：2017 年 12 月 1 日，当事人从一名推销员（具体情况未知）手中购进“洋河海之蓝”等 4 种型号白酒 12 瓶，在店内销售。进货时未索要票据，不能说明商品的合法来源及提供者，也无法联系到当时的供货人。经商标权利人江苏洋河酒厂股份有限公司鉴别，以上白酒非该公司生产，属侵权商品。上述行为满足侵犯注册商标专用权行为的构成要件。本案违法经营额 1910 元，未售出，无违法所得。

主要证据：1. 当事人的营业执照、食品经营许可证复印件，经营者赵 ×× 身份证复印件；2. 现场检查笔录、现场照片；3. 江苏洋河酒厂股份有限公司出具的产品鉴别证明书、营业执照、商标注册证复印件、打假人员证明及身份证复印件等材料;4. 对授权委托人钱 ×× 的询问调查笔录、身份证复印件、授权委托书；5. 价格标签、违法经营额计算说明。

对当事人陈述、申辩或者听证意见的采纳情况及理由：当事人在听证会上提出，当事人购进白酒时不知道该商品为侵权商品，应当责令改正并免予处罚。经复核，当事人进货时未索要票据，不能说明商品的合法来源及提供者，不符合免予处罚的情形，因此不予采纳。

当事人上述行为构成了《中华人民共和国商标法》第五十七条第三项“有下列行为之一的，均属侵犯注册商标专用权：……（三）销售侵犯注册商标专用权的商品的”所指的违法行为，依据《中华人民共和国商标法》第六十条第二款“工商行政管理部门处理时，认定侵权行为成立的，责令立即停止侵权行为，没收、销毁侵权商品和主要用于制造侵权商品、伪造注册商标标识的工具，违法经营额五万元以上的，可以处违法经营额五倍以下的罚款，没有违法经营额或者违法经营额不足五万元的，可以处二十五万元以下的罚款。对五年内实施两次以上商标侵权行为或者有其他严重情节的，应当从重处罚。销售不知道是侵犯注册商标专用权的商品，能证明该商品是自己合法取得并说明提供者的，由工商行政管理部门责令停止销售。”的规定，责令当事人立即停止侵权行为，并对当事人给予以下行政处罚：1. 没收侵权的“洋河海之蓝”等 4 种型号白酒 12 瓶（详见《（场所、设施、财物）清单》津市场监管 × 罚〔2018〕21 号）；2. 罚款 12.5 万元。

第 1 页　共 2 页

当事人应于收到本决定书之日起十五日内将罚（没）款缴到中国工商银行天津分行、中国农业银行天津分行、中国银行天津分行、中国建设银行天津分行、中国光大银行天津分行、天津银行、浙商银行天津分行等市财政指定非税收入收缴银行对公网点。逾期不缴纳罚款的，依据《中华人民共和国行政处罚法》第五十一条第一项的规定，每日按罚款数额的百分之三加处罚款，并将依法申请人民法院强制执行。

如对本行政处罚决定不服，可以于收到本决定书之日起六十日内依法向天津市市场和质量监督管理委员会或者天津市 ×× 区人民政府申请行政复议，也可以于六个月内依法向天津市 ×× 区人民法院提起行政诉讼。

依据《企业信息公示暂行条例》等有关规定，本机关将通过市场主体信用信息公示系统、门户网站、专业网站等公示行政处罚信息。如公示的行政处罚信息不准确，当事人可以申请本机关予以更正。

天津市 ×× 区市场和质量监督管局

2018 年 5 月 12 日

本文书一式两份。一份送达受送达人，一份市场和质量监督管理部门存档。

第 2 页　共 2 页

# 天津市市场和质量监督管理
# 行政处罚决定书

津市场监管 × 罚〔2018〕 18 号

当事人姓名或者单位名称：天津 AA 化肥有限公司
主体资格证件名称及号码：营业执照 1201000006××××
住所（经营场所）或者住址：武 ××
法定代表人（负 责 人）：天津市 ×× 区 ×× 路 ×× 号

违法事实：当事人 2018 年 6 月 25 日生产的规格为 50kg/ 袋的双效肥（复合肥料）600 袋（共 30 吨），经 ×× 质检站抽样检验，水分指标不符合 GB 15063—2009《复混肥料（复合肥料）》的规定，被判定为不合格产品。当事人对检验结果无异议，在复检期内未提出复检申请。当事人未进行出厂检验，就在产品成品包装上印有合格标志，放任了该批次不合格产品的发生。上述行为满足以不合格产品冒充合格产品行为的构成要件。本案货值金额 42000 元，未售出，无违法所得。

主要证据：1. 天津 AA 化肥有限公司营业执照复印件、全国工业产品许可证、法定代表人身份证复印件；2. 检验报告、（检验、检测、检定、鉴定）委托书、（检验、检测、检定、鉴定）结果告知书、检验机构营业执照复印件、实验室认证证书复印件；3. 询问调查笔录（法定代表人、生产负责人、实验室人员分别询问）、授权委托书、受委托人身份证复印件、在产品包装上印有合格证字样的照片；4. 现场检查笔录、抽样取证记录、生产日报表、客户订单、货值金额计算说明。

对当事人陈述、申辩或者听证意见的采纳情况及理由：当事人在听证会上提出，当事人从本意上从未有恶意欺诈和故意隐瞒不合格的意愿，不符合以不合格产品冒充合格产品的必要条件，故适用法律错误。经复核，当事人未进行出厂检验，就在产品成品包装上印有合格标志，放任了该批次不合格产品的发生，满足以不合格产品冒充合格产品行为的构成要件，因此不予采纳。

从轻、减轻、从重处罚的理由：当事人生产的违法产品尚未销售，未造成危害后果，应依据《中华人民共和国行政处罚法》第二十七条第一款第四项和《天津市市场和质量监督管理委员会行政处罚裁量细则（试行）》第二条第一项的规定予以从轻处罚。

当事人上述行为违反了《中华人民共和国产品质量法》第三十二条“ 生产者生产产品，不得掺杂、掺假，不得以假充真、以次充好，不得以不合格产品冒充合格产品。”的规定，依据《中华人民共和国产品质量法》第五十条“在产品中掺杂、掺假，以假充真，以次充好，或者以不合格产品冒充合格产品的，责令停止生产、销售，没收违法生产、销售的产品，并处违法生产、销售产品货值金额百分之五十以上三倍以下的罚款；有

第 1 页　共 2 页

违法所得的，并处没收违法所得；情节严重的，吊销营业执照；构成犯罪的，依法追究刑事责任。”的规定，责令当事人停止生产以不合格产品冒充合格产品的复合肥料行为，并对当事人给予以下行政处罚：1.没收违法生产的30吨双效肥（复合肥料）；2.处违法生产产品货值金额50%的罚款21000元。

当事人应于收到本决定书之日起十五日内将罚（没）款缴到中国工商银行天津分行、中国农业银行天津分行、中国银行天津分行、中国建设银行天津分行、中国光大银行天津分行、天津银行、浙商银行天津分行等市财政指定非税收入收缴银行对公网点。逾期不缴纳罚款的，依据《中华人民共和国行政处罚法》第五十一条第一项的规定，每日按罚款数额的百分之三加处罚款，并将依法申请人民法院强制执行。

如对本行政处罚决定不服，可以于收到本决定书之日起六十日内依法向天津市市场和质量监督管理委员会或者天津市××区人民政府申请行政复议，也可以于六个月内依法向天津市××区人民法院提起行政诉讼。

依据《企业信息公示暂行条例》等有关规定，本机关将通过市场主体信用信息公示系统、门户网站、专业网站等公示行政处罚信息。如公示的行政处罚信息不准确，当事人可以申请本机关予以更正。

天津市××区市场和质量监督管局

2018年8月16日

本文书一式两份。一份送达受送达人，一份市场和质量监督管理部门存档。

第2页 共2页

# 天津市市场和质量监督管理
# 行政处罚决定书

津市场监管 × 罚〔 2018 〕 5 号

当事人姓名或者单位名称：天津市 ×× 药业有限公司
主体资格证件名称及号码：营业执照 ××××××××××××××××
住所（经营场所）或者住址：天津市 ×× 区 ×× 路 ×× 号
法定代表人（负 责 人）：蒙 ××

违法事实：当事人经营的感愈胶囊等 3 种药品无购进药品的票据和供货单位资质证明，当事人承认 × 年 × 月 × 日购进该批药品时，没有索取任何资质证明和购进票据，剩余药品 110 盒。上述行为满足从无《药品生产许可证》、《药品经营许可证》的企业购进药品行为的构成要件。本案货值金额 1450 元，违法所得 450 元。

主要证据：1. 该公司的营业执照、药品经营许可证的复印件、法定代表人蒙 ×× 身份证复印件；2. 现场检查笔录、现场照片；3. 销售票据；4. 对蒙 ×× 的调查笔录；5. 货值金额和违法所得计算说明。

对当事人陈述、申辩或者听证意见的采纳情况及理由：当事人未提出陈述申辩意见。

当事人上述行为违反了《中华人民共和国药品管理法》第三十四条“药品生产企业、药品经营企业、医疗机构必须从具有药品生产、经营资格的企业购进药品；但是，购进没有实施批准文号管理的中药材除外。”的规定，依据《中华人民共和国药品管理法》第七十九条“药品的生产企业、经营企业或者医疗机构违反本法第三十四条的规定，从无《药品生产许可证》、《药品经营许可证》的企业购进药品的，责令改正，没收违法购进的药品，并处违法购进药品货值金额二倍以上五倍以下的罚款；有违法所得的，没收违法所得；情节严重的，吊销《药品生产许可证、《药品经营许可证》或者医疗机构执业许可证书。”的规定，对当事人给予以下行政处罚：1. 没收违法购进的感愈胶囊等 3 种药品 110 盒（详见《（场所、设施、财物）清单》津市场监管 × 罚〔2018〕5 号）；2. 没收违法所得 450 元；3. 处违法购进药品货值金额 3.5 倍的罚款 5075 元。

当事人应于收到本决定书之日起十五日内将罚（没）款缴到中国工商银行天津分行、中国农业银行天津分行、中国银行天津分行、中国建设银行天津分行、中国光大银行天津分行、天津银行、浙商银行天津分行等市财政指定非税收入收缴银行对公网点。逾期不缴纳罚款的，依据《中华人民共和国行政处罚法》第五十一条第一项的规定，每日按罚款数额的百分之三加处罚款，并将依法申请人民法院强制执行。

第 1 页 共 2 页

如对本行政处罚决定不服，可以于收到本决定书之日起六十日内依法向天津市市场和质量监督管理委员会或者天津市 ×× 区人民政府申请行政复议，也可以于六个月内依法向天津市 ×× 区人民法院提起行政诉讼。

依据《企业信息公示暂行条例》等有关规定，本机关将通过市场主体信用信息公示系统、门户网站、专业网站等公示行政处罚信息。如公示的行政处罚信息不准确，当事人可以申请本机关予以更正。

天津市 ×× 区市场和质量监督管局

2018 年 7 月 9 日

本文书一式两份。一份送达受送达人，一份市场和质量监督管理部门存档。

第 2 页　共 2 页

# 32. 当场行政处罚决定书

## 天津市市场和质量监督管理
## 当场行政处罚决定书

津市场监管____当罚〔____〕____号

当事人姓名或者单位名称：____①____________________
主体资格证件名称及号码：________________________
住所（经营场所）或者住址：______________________
法定代表人（负 责 人）：________________________

经查，当事人____②____________________________

____________________________________________

______________，上述行为（违反了/构成了）《__③______》第____条第____款第____项（的规定/所指的违法行为），依据《__④______________》第____条第____款第____项的规定，现责令当事人（⑤□立即改正；□于____年__月__日前改正），并给予以下行政处罚：⑥□警告；□罚款____元。

罚款按下列方式缴纳：⑦□当场缴纳；□自即日起十五日内将罚款缴到__⑧____

____________________________________________

____________。逾期不缴纳罚款的，依据《中华人民共和国行政处罚法》第五十一条第一项的规定，每日按罚款数额的百分之三加处罚款，并将依法申请人民法院强制执行。

如对本决定不服，可以于接到本决定书之日起__⑨________内依法向________或者__________人民政府申请行政复议，也可以于__________内依法向__________人民法院提起行政诉讼。

处罚地点：__⑩__________________________________

⑪__________________（印章）

____年__月__日

本处罚决定作出前已告知当事人作出本处罚决定的事实、理由、依据和处罚内容，并告知当事人有权进行陈述和申辩。

当事人签名或盖章：⑫______________________________ ___年__月__日

执法人员签名：__________________________________ ___年__月__日

本文书一式两份。一份送达受送达人，一份市场和质量监督管理部门存档。

《当场行政处罚决定书》是市场监管部门依照简易程序的相关规定，对违法行为人当场所作出的行政处罚决定文书。

（1）文书应用范围

根据《中华人民共和国行政处罚法》的规定，只有在以下情况下才可依照简易程序来处理案件：①违法事实确凿并有法定依据。即相对人的违法事实一目了然，当场进行调查取证就十分清楚，且认定该行为违法及作何种处罚，有明确的法律规定；②处罚种类幅度有一定的限制。即对公民、个体工商户处以50元以下、对法人或者非法人组织处以1000元以下罚款或者警告的行政处罚，超出此范围的，则不适用简易程序。

采用简易程序处罚违法行为，执法人员应当填写预定格式、编有号码的《当场行政处罚决定书》。《当场行政处罚决定书》应当当场送达当事人，由当事人和办案人员签名或者盖章。

（2）填写说明

①当事人基本情况的写法详见《文书排版及有关事项说明》。

②填入对当事人违法事实的简要概述。

③填入违法行为的定性条款时，对于禁止性条款采取“违反了………的规定”，对于仅有界定性条款或罚则的采取“构成了……所指的违法行为”的写法。“（违反了/构成了）”“（的规定/所指的违法行为）”要分别划掉其中一项。

④填入当场行政处罚的法律依据，引用不仅要求写明哪一法条，而且要具体到款、项。

⑤填写责令改正的方式是立即改正还是限期改正，“□”内勾选其中一个，在其他项前的“□”内打“×”，限期改正的要注明期限。

⑥勾选当场行政处罚种类，罚款的填入罚款数额。

⑦勾选缴纳罚款方式，处罚种类中没有罚款的，此项不填。

⑧填入罚款代收机构的名称，同《行政处罚决定书》。处罚种类中没有罚款的此项可不填。

⑨此部分同《行政处罚决定书》。

⑩即实施当场处罚的具体地点，一般为当事人违法所在的场所。

⑪载明行政机关名称。

⑫分别由当事人和执法人员签名。当事人是单位的，应当由其法定代表人、负责人或者其委托代理人签名，并可加盖单位印章。

（3）需要注意的相关问题

1）由于本文书末尾有当事人签名之处，一般情况下无需再附《送达回证》。采取留置送达等方式的，需附《送达回证》。

2）办案人员调查案件，不得少于两人，且在调查取证时，一般应当着市场监管部门制服，并出示执法证。

3）依照《天津市市场和质量监督管理行政处罚程序规定》第七十七条的规定，适用简易程序当场查处违法行为，办案人员应当当场调查违法事实，收集必要的物证、书证、当事人陈述、现场检查笔录等证据，不能因简易程序案件案情简单，而在没有取得违法证据的情况下对当事人作出处罚。

4）只有以下三种情形可以当场收缴罚款：a. 当场处以二十元以下罚款的；b. 对公民处以二十元以上五十元以下、对法人或者非法人组织处以一千元以下罚款，不当场收缴事后难以执行的；c. 在边远、水上、交通不便地区以及其他原因，当事人向指定银行缴纳罚款确有困难，经当事人提出的。在其他情形下，执法人员当场收缴罚款，无论市场监管部门是否按期将罚款缴付指定银行，在执行程序上都是错误的。

# 天津市市场和质量监督管理
# 当场行政处罚决定书

津市场监管 × 当罚〔2018〕8 号

当事人姓名或者单位名称：天津市 ×× 区 ×× 商店（赵 ××）
主体资格证件名称及号码：营业执照 ××××××××××××××××××
住所（经营场所）或者住址：天津市 ×× 区 ×× 路 ×× 号
法定代表人（负 责 人）：赵 ××

经查，当事人采购“洋河海之蓝”白酒等食品时未查验供货者的许可证和食品出厂检验合格证或者其他合格证明，
上述行为（违反了 /~~构成了~~）《 中华人民共和国食品安全法 》第五十三条第 一 款第 / 项（的规定 /~~所指的违法行为~~），依据《 中华人民共和国食品安全法 》第一百二十六 条第 一 款第 三 项的规定，现责令当事人（☒ 立即改正；☑ 于 2018 年 4 月 9 日前改正），并给予以下行政处罚：☑ 警告；☒ 罚款____元。

罚款按下列方式缴纳：☒ 当场缴纳；☒ 自即日起十五日内将罚款缴到____________。逾期不缴纳罚款的，依据《中华人民共和国行政处罚法》第五十一条第一项的规定，每日按罚款数额的百分之三加处罚款，并将依法申请人民法院强制执行。

如对本决定不服，可以于接到本决定书之日起六十日内依法向天津市市场和质量监督管理委员会或者天津市 ×× 区人民政府申请行政复议，也可以于六个月内依法向天津市 ×× 区人民法院提起行政诉讼。

处罚地点：天津市 ×× 区 ×× 路 ×× 号当事人店内

天津市 ×× 区市场和质量监督管局（印章）
2018 年 4 月 6 日

本处罚决定作出前已告知当事人作出本处罚决定的事实、理由、依据和处罚内容，并告知当事人有权进行陈述和申辩。

当事人签名或盖章： 赵 ×× 2018 年 4 月 6 日
执法人员签名： 李 ××、张 ×× 2018 年 4 月 6 日

本文书一式两份。一份送达受送达人，一份市场和质量监督管理部门存档。

# 天津市市场和质量监督管理
# 当场行政处罚决定书

津市场监管 × 当罚〔2018〕4 号

当事人姓名或者单位名称：天津 AA 化肥有限公司
主体资格证件名称及号码：营业执照 1201000006××××
住所（经营场所）或者住址：武 ××
法定代表人（负 责 人）：天津市 ×× 区 ×× 路 ×× 号

经查，当事人2018年6月25日生产的化肥未在包装显著位置清晰地标注定量包装商品的净含量，货值金额5000元，经本机关责令限期改正后拒不改正，上述行为（违反了/~~构成了~~）《定量包装商品计量监督管理办法》第 五 条第 一 款第 / 项（的规定/~~所指的违法行为~~），依据《定量包装商品计量监督管理办法》第 十七 条第 / 款第 / 项的规定，现责令当事人（☒ 立即改正；☑ 于 2018 年 7 月 4 日前改正），并给予以下行政处罚：☒ 警告；☑ 罚款 800 元。

罚款按下列方式缴纳：☒ 当场缴纳；☑ 自即日起十五日内将罚款缴到中国工商银行天津分行、中国农业银行天津分行、中国银行天津分行、中国建设银行天津分行、中国光大银行天津分行、天津银行、浙商银行天津分行等市财政指定非税收入收缴银行对公网点。逾期不缴纳罚款的，依据《中华人民共和国行政处罚法》第五十一条第一项的规定，每日按罚款数额的百分之三加处罚款，并将依法申请人民法院强制执行。

如对本决定不服，可以于接到本决定书之日起六十日内依法向天津市市场和质量监督管理委员会或者天津市 ×× 区人民政府申请行政复议，也可以于六个月内依法向天津市 ×× 区人民法院提起行政诉讼。

处罚地点：×× 市 ×× 区 ×× 路 ×× 号

天津市 ×× 区市场和质量监督管局（印章）
2018 年 7 月 2 日

本处罚决定作出前已告知当事人作出本处罚决定的事实、理由、依据和处罚内容，并告知当事人有权进行陈述和申辩。

当事人签名或盖章： 武 ×× 2018 年 7 月 2 日
执法人员签名： 刘 ×、陈 × 2018 年 7 月 2 日

本文书一式两份。一份送达受送达人，一份市场和质量监督管理部门存档。

# 天津市市场和质量监督管理
# 当场行政处罚决定书

津市场监管 × 当罚〔 2018 〕 3 号

当事人姓名或者单位名称：×× 大酒店
主体资格证件名称及号码：营业执照 ×××××××××××××××
住所（经营场所）或者住址：天津市 ×× 区 ×× 号
法定代表人（负 责 人）：李 ××

经查，当事人自 2018 年 6 月 1 日开业以来未建立食品进货查验记录制度________________，上述行为（违反了/~~构成了~~）《中华人民共和国食品安全法》第五十三条第 二 款第 / 项（的规定/~~所指的违法行为~~），依据《中华人民共和国食品安全法》第一百二十六条第 一 款第 七 项的规定，现责令当事人（☒ 立即改正；☑ 于 2018 年 6 月 9 日前改正），并给予以下行政处罚：☑ 警告；☒ 罚款____元。

罚款按下列方式缴纳：☒ 当场缴纳；☒ 自即日起十五日内将罚款缴到________________________________。逾期不缴纳罚款的，依据《中华人民共和国行政处罚法》第五十一条第一项的规定，每日按罚款数额的百分之三加处罚款，并将依法申请人民法院强制执行。

如对本决定不服，可以于收到本决定书之日起六十日内依法向天津市市场和质量监督管理委员会或者天津市 ×× 区人民政府申请行政复议，也可以于六个月内依法向天津市 ×× 区人民法院提起行政诉讼。

处罚地点：×× 市 ×× 区 ×× 路 ×× 号当事人酒店内

天津市 ×× 区市场和质量监督管局（印章）
2018 年 6 月 6 日

本处罚决定作出前已告知当事人作出本处罚决定的事实、理由、依据和处罚内容，并告知当事人有权进行陈述和申辩。

当事人签名或盖章： 李 ×× 2018 年 6 月 6 日
执法人员签名：张 ××、王 ×× 2018 年 6 月 6 日

本文书一式两份。一份送达受送达人，一份市场和质量监督管理部门存档。

## 33. 不予 / 免予行政处罚决定书

# 天津市市场和质量监督管理
# 不予 / 免予行政处罚决定书

津市场监管____不 / 免罚〔____〕____号

当事人姓名或者单位名称：______①______
主体资格证件名称及号码：____________
住所（经营场所）或者住址：____________
法定代表人（负　责　人）：____________

违法事实：______②______

主要证据：______③______

当事人上述行为违反了 / 构成了《______④______》第____条第____款第____项“____________”的规定 / 所指的违法行为。

鉴于当事人______⑤______，依据《______⑥______》第____条第____款第____项“____________”的规定，本机关决定对当事人不予 / 免予行政处罚。

第____页　共____页

如对本决定不服，可以于接到本决定书之日起 ⑦＿＿＿＿＿内依法向＿＿＿＿或者＿＿＿＿＿人民政府申请行政复议；也可以于＿＿＿＿＿内依法向＿＿＿＿＿人民法院提起行政诉讼。

＿＿＿＿＿＿＿＿

（名称及印章）

＿＿年＿月＿日

本文书一式两份。一份送达受送达人，一份市场和质量监督管理部门存档。

第＿＿页　共＿＿页

《不予/免予行政处罚决定书》是市场监管部门在对违法行为进行充分调查取证，经过案审委审议后，根据《中华人民共和国行政处罚法》以及《天津市市场和质量监督管理行政处罚程序规定》第七十二条，对当事人作出不予/免予行政处罚决定的执法文书。使用本文书前应首先使用《行政执法有关事项审批表》进行审批。

（1）文书应用范围

立案后，符合不予或免予行政处罚条件的案件应制作此文书。

（2）填写说明

①当事人基本情况的写法详见《文书排版及有关事项说明》。

②描述违法事实。

③将认定案件事实所依据的证据列举清楚。

④根据相关法律、法规、规章的规定，对当事人的违法行为进行定性。填入当事人违法行为的定性条款，要具体到条、款、项。对于禁止性条款采取“违反了………的规定”，对于仅有界定性条款或罚则的采取“构成了……所指的违法行为”的写法。“（违反了/构成了）”“（的规定/所指的违法行为）”要分别划掉其中一项。

⑤写明不予/免予处罚的理由。

⑥写明不予/免予处罚的法律依据。

⑦告知当事人享有的救济权利。

（3）需要注意的相关问题

1）本文书制作时，要根据需要，在“不予/免予”中删掉其中一项，文号中“不/免”也要删掉其中一个。

2）本文书应附《送达回证》。

3）不予/免予处罚的同时还需责令改正的，应当另外下达《责令改正通知书》。

# 天津市市场和质量监督管理
# 不予行政处罚决定书

津市场监管 × 不罚〔 2018 〕 21 号

当事人姓名或者单位名称：天津市 ×× 区 ×× 商店（赵 ××）
主体资格证件名称及号码：营业执照 ××××××××××××××××××
住所（经营场所）或者住址：天津市 ×× 区 ×× 路 ×× 号
法定代表人（负 责 人）：赵 ××

违法事实：2017 年 12 月 1 日，当事人从 ×× 公司购进“洋河海之蓝”等 4 种型号白酒 6 瓶，在店内销售。经商标权利人江苏洋河酒厂股份有限公司鉴别，以上白酒非该公司生产，属侵权商品。上述行为满足侵犯注册商标专用权行为的构成要件。本案违法经营额 510 元，未售出，无违法所得。

主要证据：1. 当事人的营业执照、食品经营许可证复印件，经营者赵 ×× 身份证复印件；2. 现场检查笔录、现场照片；3. 江苏洋河酒厂股份有限公司出具的产品鉴别证明书，营业执照、商标注册证复印件，打假人员证明及身份证复印件等材料;4. 对授权委托人钱 ×× 的询问调查笔录、身份证复印件、授权委托书；5. 价格标签、违法经营额计算说明；6. 进货票据、台账、供货方资质证明复印件、出厂检验合格证、食品下架记录；7. ×× 公司出具的证明。

当事人上述行为构成了《中华人民共和国商标法》第五十七条第三项“有下列行为之一的，均属侵犯注册商标专用权：……（三）销售侵犯注册商标专用权的商品的”所指的违法行为。

鉴于当事人进货时索要了供货方资质证明、进货票据、出厂检验合格证等材料，在案发前已自行停止涉案商品销售，商品尚未售出，未造成危害后果，依据《中华人民共和国行政处罚法》第二十七条第二款“违法行为轻微并及时纠正，没有造成危害后果的，不予行处罚。”的规定，本机关决定对当事人不予行政处罚。

如对本行政处罚决定不服，可以于收到本决定书之日起六十日内依法向天津市市场和质量监督管理委员会或者天津市 ×× 区人民政府申请行政复议，也可以于六个月内依法向天津市 ×× 区人民法院提起行政诉讼。

天津市 ×× 区市场和质量监督管局
2018 年 5 月 12 日

本文书一式两份。一份送达受送达人，一份市场和质量监督管理部门存档。

第 1 页　共 1 页

# 天津市市场和质量监督管理
# 不予行政处罚决定书

津市场监管 × 不罚〔 2018 〕 18 号

当事人姓名或者单位名称：天津 AA 化肥有限公司
主体资格证件名称及号码：营业执照 1201000006××××
住所（经营场所）或者住址：武 ××
法定代表人（负 责 人）：天津市 ×× 区 ×× 路 ×× 号

违法事实：当事人 2018 年 6 月 25 日生产的规格为 50kg/ 袋的双效肥（复合肥料）20 袋（共 1 吨），经 ×× 质检站抽样检验，水分指标不符合 GB15063—2009《复混肥料（复合肥料）》的规定，被判定为不合格产品。当事人对检验结果无异议，在复检期内未提出复检申请。当事人未进行出厂检验，就在产品成品包装上印有合格标志，放任了该批次不合格产品的发生。上述行为满足以不合格产品冒充合格产品行为的构成要件。本案货值金额 1000 元，未售出，无违法所得。

主要证据：1. 天津 AA 化肥有限公司营业执照复印件、全国工业产品许可证、法定代表人身份证复印件;2. 检验报告、（检验、检测、检定、鉴定）委托书、（检验、检测、检定、鉴定）结果告知书、检验机构营业执照复印件、实验室认证证书复印件；3. 询问调查笔录（法定代表人、生产负责人、实验室人员分别询问）、授权委托书、受委托人身份证复印件、在产品包装上印有合格证字样的照片；4. 现场检查笔录、抽样取证记录、生产日报表、客户订单、货值金额计算说明；5. 问题分析报告、整改报告、销毁记录。

当事人上述行为违反了《中华人民共和国产品质量法》第三十二条“生产者生产产品，不得掺杂、掺假，不得以假充真、以次充好，不得以不合格产品冒充合格产品。”的规定。

鉴于当事人在案发前已自行发现问题，主动将问题产品进行销毁，并积极排查问题原因，制定整改措施，且产品并未售出，未造成危害后果，案发后积极配合调查，提供相关证据，依据《中华人民共和国行政处罚法》第二十七条第二款“违法行为轻微并及时纠正，没有造成危害后果的，不予行政处罚。”的规定，本机关决定对当事人不予行政处罚。

如对本决定不服，可以于收到本决定书之日起六十日内依法向天津市市场和质量监督管理委员会或者天津市 ×× 区人民政府申请行政复议，也可以于六个月内依法向天津市 ×× 区人民法院提起行政诉讼。

天津市 ×× 区市场和质量监督管局
2018 年 8 月 16 日

本文书一式两份。一份送达受送达人，一份市场和质量监督管理部门存档。

第 1 页 共 1 页

# 天津市市场和质量监督管理
# 免予行政处罚决定书

津市场监管 × 免罚〔 2018 〕 1 号

当事人姓名或者单位名称：×× 超市
主体资格证件名称及号码：营业执照 ××××××××××××××
住所（经营场所）或者住址：天津市 ×× 区 ×× 号
法定代表人（负 责 人）：侯 ××

违法事实：当事人销售的生产日期为 × 年 × 月 × 日的 ×× 芝麻酱（规格 300mL），经 ×× 检测中心抽验，标签中 ×× 项未标注 ×××，不符合《食品安全国家标准 预包装食品营养标签通则》（GB 28050—2011）×.× 的规定，被判定为不合格。当事人对检验结果无异议，在复检期内未提出复检申请。当事人于 × 年 × 月 × 日从 ×× 公司共购进该批次食品 100 瓶，目前已全部售出。本案货值金额 800 元，违法所得 50 元。

主要证据：1. 当事人营业执照、食品经营许可证复印件，法定代表人侯 ×× 的身份证复印件；2 现场检查笔录、现场照片；3. 对侯 ××、李 ×× 的询问调查笔录；4. 检验报告、（检验、检测、检定、鉴定）委托书、（检验、检测、检定、鉴定）结果告知书、检验机构营业执照复印件、实验室认证证书复印件；5. 销售台账、进货票据、货值金额和违法所得计算说明；6. 进货查验记录、×× 公司资质证明复印件、出厂检验合格证。包装食品的包装上应当有标签。标签应当标明下列事项：（九）法律、法规或者食品安全标准规定应当标明的其他事项。”的规定。

鉴于当事人建立了进货查验记录制度，履行了进货查验等义务，按照要求贮存该食品，能如实说明其进货来源，提供了供货单位 ×× 公司的资质证照、出厂检验合格证、进货票据，并得到供货单位认可，依据《中华人民共和国食品安全法》第一百三十六条“食品经营者履行了本法规定的进货查验等义务，有充分证据证明其不知道所采购的食品不符合食品安全标准，并能如实说明其进货来源的，可以免予处罚，但应当依法没收其不符合食品安全标准的食品；造成人身、财产或者其他损害的，依法承担赔偿责任。”的规定，本机关决定对当事人免予行政处罚。

当事人上述行为违反了《中华人民共和国食品安全法》第六十七条第一款第九项“预如对本行政处罚决定不服，可以于收到本决定书之日起六十日内依法向天津市市场和质量监督管理委员会或者天津市 ×× 区人民政府申请行政复议，也可以于六个月内依法向天津市 ×× 区人民法院提起行政诉讼。

天津市 ×× 区市场和质量监督管局
2018 年 7 月 9 日

本文书一式两份。一份送达受送达人，一份市场和质量监督管理部门存档。

第 1 页 共 1 页

## 34. 分期 / 延期缴纳罚款决定书

# 天津市市场和质量监督管理
# 分期 / 延期缴纳罚款决定书

津市场监管____分 / 延缴〔____〕____号

当事人姓名或者单位名称：____①____________________
主体资格证件名称及号码：____________________
住所（经营场所）或者住址：____________________
法定代表人（负责人）：____________________

本机关对你（单位）作出行政处罚决定（津市场监管__②__罚〔____〕____号），处罚款____元。你（单位）于__③__年__月__日向本机关提出分期/延期缴纳罚款的申请。经研究，依据《中华人民共和国行政处罚法》第五十二条的规定，本机关决定批准你（单位）____________________
____④____________________
____________________
____________________

到期不缴纳罚款的，依据《中华人民共和国行政处罚法》第五十一条第一项的规定，本机关每日按你（单位）应缴纳罚款数额的百分之三加处罚款，并依法申请人民法院强制执行。

联系人：____________________联系电话：____________________

（印章）

⑤____年__月__日

本文书一式两份。一份送达被送达人，一份市场和质量监督管理部门存档。

《分期/延期缴纳罚款决定书》是市场监管部门在收到当事人关于延期或者分期缴纳罚款的书面申请后，对确有经济困难的当事人准予其暂缓或者分期缴纳罚款的书面文书。

（1）文书应用范围

依据《中华人民共和国行政处罚法》第五十二条和《天津市市场和质量监督管理行政处罚程序规定》第八十六条的规定，市场监管部门经过审查，认为当事人确有经济困难，延期或者分期缴纳罚款的理由成立的，应当作出批准延期或者分期缴纳的决定，制作该文书。

（2）填写说明

①填入当事人的基本情况。

②处罚决定书号应与相关文书号对应，罚款按决定书填写，注意“罚款”不包括违法所得数额。

③填入当事人提出延期或者分期缴纳罚款书面申请的时间。

④填入同意当事人延期或者分期缴纳罚款申请，及延期或者分期缴纳罚款的数额、期限等内容。

⑤印章、日期填写同前。

（3）需要注意的相关问题

1）本文书制作时，要根据需要，在“分期/延期”中删掉其中一项，文号中“分/延”也要删掉其中一个。

2）本文书应附《送达回证》。

3）注意分期、延期缴纳的仅是罚款，不包括违法所得。同意分期、延期的时间不宜超过向法院提出申请强制执行的期限。

# 天津市市场和质量监督管理
# 延期缴纳罚款决定书

津市场监管 × 延缴〔2018〕8 号

当事人姓名或者单位名称：天津市××区××商店（赵××）
主体资格证件名称及号码：营业执照××××××××××××××××
住所（经营场所）或者住址：天津市××区××路××号
法定代表人（负 责 人）：赵××

本机关对你（单位）作出行政处罚决定（津市场监管 × 罚〔2018〕21 号），处罚款 12.5 万元。你（单位）于2018年 5 月 14 日向本机关提出延期缴纳罚款的申请。经研究，依据《中华人民共和国行政处罚法》第五十二条的规定，本机关决定批准你（单位）延期于2018年8月1日前缴纳罚款。

到期不缴纳罚款的，依据《中华人民共和国行政处罚法》第五十一条第一项的规定，本机关每日按你（单位）应缴纳罚款数额的百分之三加处罚款，并依法申请人民法院强制执行。

（印章）
2018 年 5 月 15 日

本文书一式两份。一份送达被送达人，一份市场和质量监督管理部门存档。

# 天津市市场和质量监督管理
# 分期缴纳罚款决定书

津市场监管 × 分缴〔2018〕18 号

当事人姓名或者单位名称：天津 AA 化肥有限公司
主体资格证件名称及号码：营业执照 1201000006××××
住所（经营场所）或者住址：武××
法定代表人（负 责 人）：天津市××区××路××号

本机关对你（单位）作出行政处罚决定（津市场监管 × 罚〔2018〕18 号），处罚款 21000 元。你（单位）于 2018 年 8 月 19 日向本机关提出分期缴纳罚款的申请。经研究，依据《中华人民共和国行政处罚法》第五十二条的规定，本机关决定批准你（单位）分两期缴纳罚款：2018 年 8 月 31 日前缴纳 10000 元；2019 年 1 月 1 日前缴纳剩余的 11000 元。

到期不缴纳罚款的，依据《中华人民共和国行政处罚法》第五十一条第一项的规定，本机关每日按你（单位）应缴纳罚款数额的百分之三加处罚款，并依法申请人民法院强制执行。

联系人： 刘× 联系电话： ××××××××

（印章）
2018 年 8 月 20 日

本文书一式两份。一份送达被送达人，一份市场和质量监督管理部门存档。

# 天津市市场和质量监督管理
# 分期缴纳罚款决定书

津市场监管 × 分缴〔2018〕2 号

当事人姓名或者单位名称：×× 药业有限公司

主体资格证件名称及号码：营业执照 ××××××××××××××××

住所（经营场所）或者住址：天津市 ×× 区 ×× 路 ×× 号

法定代表人（负 责 人）：吴 ××

本机关对你（单位）作出行政处罚决定（津市场监管 × 罚〔2018〕2 号），处罚款 250000 元。你（单位）于 2018 年 7 月 3 日向本机关提出分期缴纳罚款的申请。经研究，依据《中华人民共和国行政处罚法》第五十二条的规定，本机关决定批准你（单位）分两期缴纳罚款：2018 年 7 月 31 日前缴纳 125000 元；2018 年 8 月 31 日前缴纳剩余的 125000 元。

到期不缴纳罚款的，依据《中华人民共和国行政处罚法》第五十一条第一项的规定，本机关每日按你（单位）应缴纳罚款数额的百分之三加处罚款，并依法申请人民法院强制执行。

联系人：张 ×× 联系电话：×××××××××

（印章）

2018 年 7 月 5 日

本文书一式两份。一份送达被送达人，一份市场和质量监督管理部门存档。

## 35. 指定管辖决定书

# 天津市市场和质量监督管理
# 指定管辖决定书

津市场监管____指管〔____〕____号

______①______________:

依据《中华人民共和国行政处罚法》第二十一条，特指定你单位办理下列案件：____②____________________________________________

指定管辖案件办理要求：

1．于接到本决定书后____③____日内与______________________________________________办理案件相关材料交接手续；

2．依法、及时办理此案，并于结案后十日内向____④________________________________报告、备案。

（印章）

⑤____年__月__日

---

本文书一式三份。一份送达被指定的行政部门，一份送达提交案件材料的行政部门，一份由作出决定的行政部门存档。

《指定管辖决定书》是上级市场监管部门指定下级市场监管部门对特定案件行使管辖权的书面文书。

（1）文书应用范围

出现两个以上市场监管部门对管辖权发生争议并且协商未能解决，报请共同上一级市场监管部门指定管辖的情形时，上级市场监管部门指定管辖应当使用《指定管辖决定书》。

《天津市市场和质量监督管理行政处罚程序规定》第十四条规定，两个以上市场监管部门因管辖权发生争议的，应当协商解决，协商不成的，报请共同上一级市场监管部门指定管辖。

《天津市市场和质量监督管理行政处罚程序规定》第十六条规定，市场监管部门发现所查处的案件不属于自己管辖时，应当将案件移送有管辖权的市场监管部门。受移送的市场监管部门对管辖权有异议的，应当报请共同上一级市场监管部门指定管辖，不得再自行移送。

（2）填写说明

①填入被指定管辖的市场监管部门的名称。

②填入管辖权争议涉及的案件名称。

③填入时间和交接对口部门。

④填入需要报备的机关名称。

⑤印章下的日期应为文书制作日期。

（3）需要注意的相关问题

1）发生管辖权争议后，相关市场监管部门首先应协商解决。如果经协商仍无法解决，则应当及时向上级机关反映，报请指定管辖。

2）报请指定管辖的机关必须是共同的上一级市场监管部门。

# 天津市市场和质量监督管理
# 指定管辖决定书

津市场监管 × 指管〔2018〕3 号

××区市场和质量监督管理局：

依据《中华人民共和国行政处罚法》第二十一条，特指定你单位办理下列案件：天津市××区××商店（赵××）涉嫌销售侵犯注册商标专用权的白酒案

指定管辖案件办理要求：

1．于接到本决定书后五日内与××区市场和质量监督管理局办理案件相关材料交接手续；

2．依法、及时办理此案，并于结案后十日内向天津市市场和质量监督稽查总队报告、备案。

（印章）

2018 年 4 月 5 日

本文书一式三份。一份送达被指定的行政部门，一份送达提交案件材料的行政部门，一份由作出决定的行政部门存档。

# 天津市市场和质量监督管理
# 指定管辖决定书

津市场监管 × 指管〔 2018 〕 5 号

×× 区市场和质量监督管局 ：

依据《中华人民共和国行政处罚法》第二十一条，特指定你单位办理下列案件：天津 AA 化肥有限公司涉嫌生产以不合格产品冒充合格产品的复合肥料案

指定管辖案件办理要求：

1．于接到本决定书后五日内与 ×× 区市场和质量监督管理局办理案件相关材料交接手续；

2．依法、及时办理此案，并于结案后十日内向天津市市场和质量监督稽查总队报告、备案。

（印章）

2018 年 7 月 8 日

本文书一式三份。一份送达被指定的行政部门，一份送达提交案件材料的行政部门，一份由作出决定的行政部门存档。

# 天津市市场和质量监督管理
# 指定管辖决定书

津市场监管 × 指管〔2018〕1 号

×× 区市场和质量监督管理局：

依据《中华人民共和国行政处罚法》第二十一条，特指定你单位办理下列案件：×××涉嫌销售劣药护肝丸案

指定管辖案件办理要求：

1．于接到本决定书后五日内与××区市场和质量监督管理局办理案件相关材料交接手续；

2．依法、及时办理此案，并于结案后十日内向天津市市场和质量监督稽查总队报告、备案。

（印章）

2018 年 4 月 3 日

本文书一式三份。一份送达被指定的行政部门，一份送达提交案件材料的行政部门，一份由作出决定的行政部门存档。

## 36. 行政执法委托书

# 天津市市场和质量监督管理
# 行政执法委托书

津市场监管____执委〔____〕____号

委 托 人：______①______

受委托人：______②______

委托人依据《中华人民共和国行政处罚法》第十八条、第十九条的规定，决定将下列行政执法权限委托给受委托人代为行使。

委托行政执法权限：______③______

委托行政执法期限：____________

委托期间，委托人和受委托均应做到以下要求：

1．委托人应当监督、指导受委托人依法行使委托的行政执法权限；

2．委托人应当对受委托人在委托的范围内实施的行政行为承担法律责任；

3．受委托人应当在委托权限范围内，以委托人的名义依法实施行政执法权，并接受委托人的监督指导；

4．受委托人不得越权行政。超越委托权限范围的行为，受委托人自行承担相应的法律责任；

5．受委托人违法、违纪行使委托权的，将依照有关规定，追究相关责任人的法律责任。

④委托人（印章）　　　　　　　　受委托人（印章）

____年__月__日　　　　　　　　____年__月__日

本文书一式两份。一份受委托人存档，一份委托人存档。

《行政执法委托书》是市场监管部门根据《中华人民共和国行政处罚法》第十八条规定，委托具备条件的组织在委托权限范围内实施行政执法时使用的书面文书。

（1）文书应用范围

目前，凡属于《天津市市场和质量监督管理行政处罚程序规定》第九条第一款和第十条第一款所列情形的，均需要制作此种文书。天津市市场和质量监督稽查总队根据法律、法规授权以自己名义作出行政处罚的除外。

（2）填写说明

①和②写明委托人、受委托人全称。

③写明受委托人的行政执法权限及起止日期。

④委托人、受委托人加盖行政机关印章及文书制作日期。

（3）需要注意的相关问题

1）受委托人必须符合法定条件，即《中华人共和国行政处罚法》第十九条规定，受委托组织必须符合以下条件：依法成立的管理公共事务的事业组织；具有熟悉有关法律、法规、规章和业务的工作人员；对违法行为需要进行技术检查或者技术鉴定的，应当有条件组织进行相应的技术检查或者技术鉴定。

2）委托人委托不同的受委托人时，应当分别制作该文书。

3）依据《中华人民共和国行政强制法》第十七条规定，行政强制措施权不得委托。

## 37. 变更/暂停委托决定书

# 天津市市场和质量监督管理
# 变更/暂停委托决定书

津市场监管____变/停委〔____〕____号

委 托 人：①________________

受委托人：②________________

变更/暂停事项：③________________

由于④________________

现决定⑤________________

________________________________

________________________________。

本变更/暂停决定自⑥____年____月____日起执行，原《行政执法委托书》津市场监管⑦____执委〔____〕____号即行废止。

⑧委托人（印章）

____年____月____日

受委托人（印章）

____年____月____日

本文书一式两份。一份受委托人存档，一份委托人存档。

《变更/暂停委托决定书》是市场监管部门根据工作需要对受委托人的行政执法委托权限范围进行变更/暂停的执法文书。

（1）文书应用范围

对受委托人的行政执法委托权限范围进行变更/暂停时使用。

（2）填写说明

①和②写明委托人、受委托人的全称。

③④⑤写明变更/暂停原委托的有关事项、原因及决定内容。

⑥写明生效日期。

⑦原委托书全称、文号。

⑧委托人、受委托人加盖行政机关印章及文书制作日期

（3）需要注意的相关问题

1）本文书仅适用于委托人与被委托人之间已经存在行政执法委托关系且仍在期限内，但需要变更或者暂停的情况。

2）本文书制作时，要根据需要，在“变更/暂停”中删掉其中一项，文号中“变/停”也要删掉其中一个。

## 38. （场所、设施、财物）委托保管书

# 天津市市场和质量监督管理
# （场所、设施、财物）委托保管书

津市场监管____委保〔____〕____号

____①____________：

现委托你（单位）代为保管本机关依法（②□查封；□扣押；□先行登记保存；□__________）的有关（③□场所、□设施、□财物），（详见《（场所、设施、财物）清单》津市场监管__________委保〔____〕____号）。在保管期间，未经本机关同意，你（单位）不得损毁或者擅自转移、处置。因你（单位）原因造成的损失，本机关有权予以追偿。

联系人：__④______________________联系电话：________________________

（印章）

⑤____年____月____日

本文书一式两份。一份送达保管人，一份市场和质量监督管理部门存档。

《(场所、设施、财物)委托保管书》是市场监管部门将实施行政强制措施或先行登记保存的(场所、设施、财物)委托他人予以保管的书面文书。

(1)文书应用范围

《(场所、设施、财物)委托保管书》是在市场监管部门实施行政强制措施、先行登记保存措施(主要针对的是查封、扣押、先行登记保存物品及查封场所这类措施)后，要将被依法实施上述措施的场所、设施、财物委托给除当事人、市场监管部门以外的第三人保管时使用。

(2)填写说明

①填入被委托人名称或者姓名(有效主体资格证件上的正式名称)。注意被委托人不包括案件当事人，是市场监管部门、当事人以外的第三人。应填写被委托人正式名称(以有效证件、执照上的名称为准)。

②在“□”内勾选类型，在不涉及的类型前的“□”内打“×”。

③在“□”内勾选“场所、设施、财物”中的一项或几项，在不涉及的类别前的“□”内打“×”。

④联系人、电话应注明具体执法人员。

⑤日期为制文日期，加盖行政机关印章。

(3)需要注意的相关问题

1)本文书应当附《(场所、设施、财物)清单》和《送达回证》。

2)能够应用本文书委托保管的物品主要是被市场监管部门依法实施查封、扣押、登记保存的物品，在法定期限内一般由市场监管部门保存，市场监管部门应承担妥善保管义务；出于特别原因交由他人保存的，宜适用本文书。

# 天津市市场和质量监督管理<br>（场所、设施、财物）委托保管书

津市场监管<u>×</u>委保〔<u>2018</u>〕<u>2</u>号

<u>天津市××百货超市有限公司</u>：

现委托你（单位）代为保管本机关依法（☒查封；☑扣押；☒先行登记保存；☒<u>　　　　</u>）的有关（☒场所、☒设施、☑财物），（详见《（场所、设施、财物）清单》津市场监管<u>×</u>委保〔<u>2018</u>〕<u>2</u>号）。在保管期间，未经本机关同意，你（单位）不得损毁或者擅自转移、处置。因你（单位）原因造成的损失，本机关有权予以追偿。

联系人：<u>李××</u>　联系电话：<u>×××××××××</u>

（印章）

<u>2018</u>年<u>4</u>月<u>6</u>日

本文书一式两份。一份送达保管人，一份市场和质量监督管理部门存档。

# 天津市市场和质量监督管理
# （场所、设施、财物）委托保管书

津市场监管 × 委保〔 2018 〕 5 号

天津 BB 化肥有限公司 ：

现委托你（单位）代为保管本机关依法（☒查封；☑扣押；☒先行登记保存；☒______）的有关（☒场所、☒设施、☑财物），（详见《（场所、设施、财物）清单》津市场监管 × 委保〔2018〕5 号）。在保管期间，未经本机关同意，你（单位）不得损毁或者擅自转移、处置。因你（单位）原因造成的损失，本机关有权予以追偿。

联系人： 刘 × 联系电话： ××××××××

（印章）

2018 年 7 月 8 日

本文书一式两份。一份送达保管人，一份市场和质量监督管理部门存档。

# 天津市市场和质量监督管理
# （场所、设施、财物）委托保管书

津市场监管 × 委保〔 2018 〕 1 号

×× 药业有限公司 ：

现委托你（单位）代为保管本机关依法（☒ 查封；☑ 扣押；☒ 先行登记保存；☒______）的有关（☒ 场所、☒ 设施、☑ 财物），（详见《（场所、设施、财物）清单》津市场监管 × 委保〔2018〕1 号）。在保管期间，未经本机关同意，你（单位）不得损毁或者擅自转移、处置。因你（单位）原因造成的损失，本机关有权予以追偿。

联系人： 张 ×× 联系电话： ××××××××

（印章）

2018 年 3 月 6 日

本文书一式两份。一份送达保管人，一份市场和质量监督管理部门存档。

## 39.（检验、检测、检定、鉴定）委托书

# 天津市市场和质量监督管理
# （检验、检测、检定、鉴定）委托书

津市场监管____检委〔____〕____号

委 托 人：______①______

受委托人：______②______

委托事项：______③______

委托人委托受委托人对下列产品进行（④☐检验；☐检测；☐检定；☐鉴定）。⑤

| 样品名称 | 规格型号 | 等级 | 适用标准或规程 | 样品数量 | 检验项目 | 备注 |
|---|---|---|---|---|---|---|
| | | | | | | |
| | | | | | | |
| | | | | | | |
| | | | | | | |
| | | | | | | |

1．委托人应当提供（检验、检测、检定、鉴定）所需样品；

2．委托人应当按时收取（检验、检测、检定、鉴定）报告，并按双方约定交纳费用；

3．受委托人应当按委托人的要求进行（检验、检测、检定、鉴定），并于____年__月__日前提交（检验、检测、检定、鉴定）报告一式____份；

4．受委托人不能按时完成委托的（检验、检测、检定、鉴定）工作，或者提供不真实的（检验、检测、检定、鉴定）报告，给委托人造成损失的，应当依法承担赔偿责任。

⑥委托部门（印章）　　　　受托机构（印章）

____年__月__日　　　　____年__月__日

本文书一式两份。一份交受委托人，一份市场和质量监督管理部门存档。

《（检验、检测、检定、鉴定）委托书》是市场监管部门委托技术机构进行检验、检测、检定、鉴定时使用的执法文书。

（1）文书应用范围

依据《天津市市场和质量监督管理行政处罚程序规定》第三十七条：需要对案件中专门事项进行检验、检测、检定或者鉴定的，市场监管部门应出具载明委托事项及相关材料的委托鉴定书，委托具有法定资质的机构进行。

（2）填写说明

①和②写明委托人、受委托人全称（有效证件上的正式名称）。

③委托事项写明检验、检测、检定、鉴定的方式，如委托检验、计量器具检定、定量包装商品计量检定、质量鉴定等。

④根据具体情况在“□”内勾选其中一个，在其他项前的“□”内打“×”。

⑤写明产品或器具的规格型号、等级、适用标准或规程、样品数量、检验项目等。备注栏可以注明样品来源单位名称以及检验、检测、检定、鉴定的项目等需要注明的事项。最后一行的下一行应写“以下空白”。

⑥委托人、受委托人加盖部门或机构印章。

（3）需要注意的相关问题

1）文书名称中的“（检验、检测、检定、鉴定）”四项均予以保留，不必勾选和删除。

2）本文书需由委托双方盖章，一式两份，不需要使用《送达回证》。

3）受委托单位必须是有相应资质的检验、检测、检定、鉴定机构。

4）鉴定结论应当载明鉴定的依据和使用的科学技术手段、鉴定部门和鉴定人资格的说明，并应有鉴定人的签名和鉴定部门的盖章。通过分析获得的鉴定结论，应当说明分析过程。

# 天津市市场和质量监督管理
# （检验、检测、检定、鉴定）委托书

津市场监管 × 检委〔 2018 〕 13 号

委 托 人：天津市 ×× 区市场和质量监督管理局

受委托人：天津市 ×× 检测站

委托事项：白酒质量检验

委托人委托受委托人对下列产品进行（☑ 检验；☒ 检测；☒ 检定；☒ 鉴定）。

| 样品名称 | 规格型号 | 等级 | 适用标准或规程 | 样品数量 | 检验项目 | 备注 |
|---|---|---|---|---|---|---|
| 洋河海之蓝白酒 | 480mL，52° | 一级 | GB××××—×××× | 3 瓶 | 全项 | |
| 以下空白 | | | | | | |
| | | | | | | |
| | | | | | | |
| | | | | | | |

1．委托人应当提供（检验、检测、检定、鉴定）所需样品；

2．委托人应当按时收取（检验、检测、检定、鉴定）报告，并按双方约定交纳费用；

3．受委托人应当按委托人的要求进行（检验、检测、检定、鉴定），并于 2018 年 4 月 20 日前提交（检验、检测、检定、鉴定）报告一式 二 份；

4．受委托人不能按时完成委托的（检验、检测、检定、鉴定）工作，或者提供不真实的（检验、检测、检定、鉴定）报告，给委托人造成损失的，应当依法承担赔偿责任。

委托部门（印章）
2018 年 4 月 6 日

受托机构（印章）
2018 年 4 月 6 日

本文书一式两份。一份交受委托人，一份市场和质量监督管理部门存档。

# 天津市市场和质量监督管理
# （检验、检测、检定、鉴定）委托书

津市场监管 × 检委〔 2018 〕 10 号

委 托 人：天津市 ×× 区市场和质量监督管理局

受委托人：××××× 检验站

委托事项：肥料质量检验

委托人委托受委托人对下列产品进行（☑ 检验；☒ 检测；☒ 检定；☒ 鉴定）。

| 样品名称 | 规格型号 | 等级 | 适用标准或规程 | 样品数量 | 检验项目 | 备注 |
|---|---|---|---|---|---|---|
| 复合肥料 | ≥ 30% | / | GB 15063—2009 | 2kg | 全项 | |
| 以下空白 | | | | | | |
| | | | | | | |
| | | | | | | |
| | | | | | | |

1．委托人应当提供（检验、检测、检定、鉴定）所需样品；

2．委托人应当按时收取（检验、检测、检定、鉴定）报告，并按双方约定交纳费用；

3．受委托人应当按委托人的要求进行（检验、检测、检定、鉴定），并于 2018 年 7 月 8 日前提交（检验、检测、检定、鉴定）报告一式 二 份；

4．受委托人不能按时完成委托的（检验、检测、检定、鉴定）工作，或者提供不真实的（检验、检测、检定、鉴定）报告，给委托人造成损失的，应当依法承担赔偿责任。

委托部门（印章）

2018 年 7 月 2 日

受托机构（印章）

2018 年 7 月 2 日

本文书一式两份。一份交受委托人，一份市场和质量监督管理部门存档。

# 天津市市场和质量监督管理
# （检验、检测、检定、鉴定）委托书

津市场监管<u>×</u>检委〔<u>2018</u>〕<u>1</u>号

委 托 人：<u>××区市场和质量监督管理局</u>

受委托人：<u>××检验所</u>

委托事项：<u>药品检验</u>

委托人委托受委托人对下列产品进行（☑检验；☒检测；☒检定；☒鉴定）。

| 样品名称 | 规格型号 | 等级 | 适用标准或规程 | 样品数量 | 检验项目 | 备注 |
|---|---|---|---|---|---|---|
| 藿香正气软胶囊 | 每粒装0.45g | 合格品 | 《中国药典》2015年版第一部 | 9盒 | 全项 | 含备样 |
| 以下空白 | | | | | | |
| | | | | | | |
| | | | | | | |
| | | | | | | |

1．委托人应当提供（检验、检测、检定、鉴定）所需样品；

2．委托人应当按时收取（检验、检测、检定、鉴定）报告，并按双方约定交纳费用；

3．受委托人应当按委托人的要求进行（检验、检测、检定、鉴定），并于<u>2018</u>年<u>5</u>月<u>25</u>日前提交（检验、检测、检定、鉴定）报告一式<u>三</u>份；

4．受委托人不能按时完成委托的（检验、检测、检定、鉴定）工作，或者提供不真实的（检验、检测、检定、鉴定）报告，给委托人造成损失的，应当依法承担赔偿责任。

委托部门（印章） 受托机构（印章）

<u>2018</u>年<u>5</u>月<u>12</u>日 <u>2018</u>年<u>5</u>月<u>12</u>日

本文书一式两份。一份交受委托人，一份市场和质量监督管理部门存档。

## 40. 协助调查函

# 天津市市场和质量监督管理
# 协 助 调 查 函

津市场监管____协查〔____〕____号

____①____:

本机关在处理____②________________________________________中，因____③________________________________________，特请你单位协助调查以下问题：

____④________________________________________

________________________________________

________________________________________

________________________________________

________________________________________

________________________________________

________________________________________

请你单位在调查结果及相关证据材料上加盖公章后及时函告本机关。

联系人：____⑤____________________联系电话：____________________

附件：相关材料____页

（印章）

⑥____年__月__日

本文书一式两份。一份送达协查单位，一份市场和质量监督管理部门存档。

《协助调查函》是市场监管部门在查处行政违法行为过程中，需要其他单位协助调查与案件有关的特定事项而出具的书面函件。

（1）文书应用范围

1）依据《天津市市场和质量监督管理行政处罚程序规定》第二十七条规定，需要委托其他行政机关协助调查、取证时使用。

2）依据《中华人民共和国反垄断法》等法律法规规定依法查询经营者的银行账户时使用。

3）需要行政机关以外的其他单位协助调查时使用。

（2）填写说明

①填入协查单位正式名称。

②填入案（事）由。

③填写请求协助调查的原因，有法律依据的可以写出法律依据。

④协助调查的内容。

⑤联系人、联系电话的填写目的是方便协查单位联系。视情况可以填入执法人员姓名。

⑥印章下的日期应为文书制作日期。

（3）需要注意的相关问题

1）查询账户必须有法律法规明确规定。

2）受委托的市场监管部门应当积极予以协助。无法协助的，应当及时将无法协助的情况函告委托机关。

# 天津市市场和质量监督管理
# 协 助 调 查 函

津市场监管 × 协查〔2018〕3 号

×× 区市场和质量监督管理局：

本机关在处理天津市 ×× 区 ×× 商店（赵 ××）涉嫌销售侵犯注册商标专用权的白酒一案中，因当事人销售的白酒进货票据显示这批白酒是从天津市 ×× 食品公司购进，特请你单位协助调查以下问题：

1. 天津市 ×× 食品公司是否为合法的食品经营主体；

2. 天津市 ×× 区 ×× 商店（赵 ××）销售“洋河海之蓝”等 4 种型号白酒 12 瓶是否从天津市 ×× 食品公司购进；

3. 天津市 ×× 区 ×× 商店（赵 ××）提供的购进票据是否天津市 ×× 食品公司开具。

请你单位在调查结果及相关证据材料上加盖公章后及时函告本机关。

联系人：李 ××　　联系电话：×××××××××

附件：相关材料 9 页

（印章）

2018 年 4 月 8 日

本文书一式两份。一份送达协查单位，一份市场和质量监督管理部门存档。

# 天津市市场和质量监督管理
# 协 助 调 查 函

津市场监管 × 协查〔 2018 〕 8 号

北京联合智业认证有限公司：

本机关在处理天津 AA 化肥有限公司涉嫌冒用认证标志一案中，因在其生产的复混肥料包装上发现印有“通过 ISO9001:2000 国际质量体系认证（注册号为 04308Q12395ROM）”的字样，特请你单位协助调查以下问题：注册号为 04308Q12395ROM 的认证证书的认证情况。

请你单位在调查结果及相关证据材料上加盖公章后及时函告本机关。

联系人：刘 × 联系电话：××××××××

附件：相关材料 7 页

（印章）

2018 年 7 月 3 日

本文书一式两份。一份送达协查单位，一份市场和质量监督管理部门存档。

# 天津市市场和质量监督管理
# 协 助 调 查 函

津市场监管 × 协查〔2018〕2 号

×× 区市场和质量监督管理局：

本机关在处理 ×× 药业有限公司销售劣药护肝丸一案 中，因当事人销售的护肝丸的进货票据显示该药从 ×× 制药有限公司购进，特请你单位协助调查以下问题：

1.×× 制药有限公司是否为合法的药品生产企业；

2.×× 药业有限公司销售的 140202 批号护肝丸是否 ×× 制药有限公司所生产；

3.×× 药业有限公司提供的购进票据是否 ×× 制药有限公司所开具；

4.×× 制药有限公司生产的 140202 批号护肝丸销往我区哪些单位、数量多少。

请你单位在调查结果及相关证据材料上加盖公章后及时函告本机关。

联系人：张 ×× 联系电话：×××××××××

附件：相关材料 8 页

（印章）

2018 年 6 月 5 日

本文书一式两份。一份送达协查单位，一份市场和质量监督管理部门存档。

## 41. 检查建议书

# 天津市市场和质量监督管理

# 检 查 建 议 书

津市场监管____检建〔____〕____号

___①___________________：

本机关对___②_______________涉嫌_______________________________________________

___③_________________________________________________________________行为

调查过程中发现，___④___________________________________________________

____________________________________________。为及时查清事实，请你单位

协助对___⑤_________________________________________________________

____________________________________________依法进行检查。

联系人：___⑥_______________________________联系电话：__________________

附件：相关材料____页

（印章）

⑦____年__月__日

本文书一式两份。一份送达协助检查的公安机关，一份市场和质量监督管理部门存档。

《检查建议书》是市场监管部门在案件调查过程中，必须对自然人的人身或者住所进行检查时，提请公安机关执行的书面文书。

（1）文书应用范围

《检查建议书》在市场监管部门在案件调查过程中，在必须对自然人的人身或者住所进行检查的情况下，提请公安机关对人身或者住所进行检查时使用。

（2）填写说明

①中填入提请检查的公安机关的名称。

②中填入当事人名称或姓名。

③中填入涉嫌违法的行为名称。

④中填入提请公安机关进行检查的原因和理由。

⑤提请检查的对象：检查人身的，填写姓名；检查住所的，同时写明住所所在地。

⑥联系人、联系电话的填写目的是方便协助检查的公安机关联系。视情况可以填入执法人员姓名。

⑦印章下的日期应为文书制作日期。

（3）需要注意的相关问题

目前，对于自然人住所的保护较以前有了明显的进步，因而将以往提请公安机关进行检查的范围从“人身”扩大到“人身和住所”。市场监管部门要注意区分经营场和住所，避免侵犯自然人住所。

# 天津市市场和质量监督管理

# 检 查 建 议 书

津市场监管 × 检建〔 2018 〕 1 号

天津市公安局 ×× 分局 ：

本机关对 天津市 ×× 区 ×× 商店（赵 ××） 涉嫌销售侵犯注册商标专用权的白酒

行为调查过程中发现，当事人销售的部分侵权白酒存放在赵 ×× 住所中 。

为及时查清事实，请你单位协助对赵 ×× 住所（天津市 ×× 区 ×× 路 ×× 小区 ××××××）

依法进行检查。

联系人： 李 ×× 联系电话： ×××××××××

附件：相关材料 3 页

（印章）

2018 年 4 月 8 日

本文书一式两份。一份送达协助检查的公安机关，一份市场和质量监督管理部门存档。

# 天津市市场和质量监督管理
# 检 查 建 议 书

津市场监管 × 检建〔 2018 〕 5 号

天津市公安局 ×× 分局 ：

本机关对 天津 AA 化肥有限公司 涉嫌生产以不合格产品冒充合格产品的复合肥料 行为调查过程中发现，部分不合格复合肥料存放于该公司法定代表人武 ×× 住所中。

为及时查清事实，请你单位协助对武 ×× 住所（天津市 ×× 区 ×× 路 ×× 小区 ××××××）依法进行检查。

联系人： 刘 × 联系电话： ×××××××××

附件：相关材料 4 页

（印章）

2018 年 7 月 3 日

---

本文书一式两份。一份送达协助检查的公安机关，一份市场和质量监督管理部门存档。

# 天津市市场和质量监督管理
# 检 查 建 议 书

津市场监管 × 检建〔 2018 〕 2 号

天津市公安局 ×× 分局 ：

本机关对 蒋 ×× 涉嫌 销售假药银杏叶 行为调查过程中发现，蒋 ×× 住所中还存有部分假药银杏叶。为及时查清事实，请你单位协助对蒋 ×× 住所（天津市 ×× 区 ×× 路 ×× 号）依法进行检查。

联系人： 张 ×× 联系电话： ××××××××

附件：相关材料 3 页

（印章）

2018 年 6 月 5 日

本文书一式两份。一份送达协助检查的公安机关，一份市场和质量监督管理部门存档。

## 42. 案件移送书

# 天津市市场和质量监督管理
# 案 件 移 送 书

津市场监管____案移〔____〕____号

____①________:

本机关在处理______②______________________________________中，发现______③____________________________________________________________________________________。

依据______④________________________________________________的规定，现将该案移送你单位调查处理。

联系人：________________联系电话：________________

附件：相关材料____页

（印章）

⑤____年__月__日

本文书一式两份。一份送达受移送单位，一份市场和质量监督管理部门存档。

《案件移送书》是市场监管部门发现案件不属于本部门管辖，将案件移送有管辖权的行政机关时，向对方发出的书面文书。

（1）文书应用范围

凡有《天津市市场和质量监督管理行政处罚程序规定》第十六条和第十九条第一款规定情形，需要移送有关机关时，应使用该文书。

《天津市市场和质量监督管理行政处罚程序规定》第十六条：市场监管部门发现所查处的案件不属于本部门管辖时，应当将案件移送有管辖权的市场监管部门。受移送的市场监管部门对管辖有异议的，应当报请共同上一级市场监管部门指定管辖，不得再自行移送。

《天津市市场和质量监督管理行政处罚程序规定》第十九条第一款：市场监管部门发现办理的案件属于其他行政机关管辖的，应当依法移送其他有关机关。

（2）填写说明

①写明接受移送部门的全称。

②填入有关主体涉嫌违法行为的简要概述。

③填入移送的事实根据，即本案不属于本机关管辖的事实。

④填入移送的法律法规。实体法有规定的，填入实体法的规定，没有实体法规定的，填入《中华人民共和国行政处罚法》第二十条或者《天津市市场和质量监督管理行政处罚程序规定》第十六条、第十九条第一款中的相关规定。

⑤时间、印章填写同前。

（3）需要注意的相关问题

1）本文书应当附《送达回证》。

2）案件移送需经行政机关负责人批准，执法人员应填写《行政执法有关事项审批表》，履行审批程序。

3）案件移送可以是立案后经案审委审理决定移送的案件，也可以是尚未立案的案件线索。

4）本文书不适用于涉嫌犯罪案件的移送。

# 天津市市场和质量监督管理
# 案 件 移 送 书

津市场监管 × 案移〔2018〕5 号

××区市场和质量监督管理局：

本机关在处理天津市××区××商店（赵××）涉嫌销售侵犯注册商标专用权的白酒一案中，发现当事人违法行为发生地在你区，不属本机关管辖。

依据《天津市市场和质量监督管理行政处罚程序规定》第十六条的规定，现将该案移送你单位调查处理。

联系人：李×× 联系电话：××××××××

附件：相关材料 19 页

（印章）

2018 年 4 月 18 日

本文书一式两份。一份送达受移送单位，一份市场和质量监督管理部门存档。

# 天津市市场和质量监督管理
# 案 件 移 送 书

津市场监管 × 案移〔 2018 〕 4 号

×× 区市场和质量监督管理局：

本机关在处理天津 AA 化肥有限公司涉嫌生产以不合格产品冒充合格产品的复合肥料一案中，发现当事人违法行为发生地在你区，不属本机关管辖。

依据《天津市市场和质量监督管理行政处罚程序规定》第十六条的规定，现将该案移送你单位调查处理。

联系人： 刘 × 联系电话： ×××××××××

附件：相关材料 18 页

（印章）

2018 年 7 月 2 日

本文书一式两份。一份送达受移送单位，一份市场和质量监督管理部门存档。

# 天津市市场和质量监督管理
# 案 件 移 送 书

津市场监管 × 案移〔 2018 〕 3 号

×× 区市场和质量监督管理局：

本机关在处理 ×× 医药有限公司涉嫌销售劣药护肝丸一案中，发现 ×× 医药有限公司违法行为发生地在你区，不属本机关管辖。

依据《天津市市场和质量监督管理行政处罚程序规定》第十六条的规定，现将该案移送你单位调查处理。

联系人： 张×× 联系电话： ×××××××××

附件：相关材料 20 页

（印章）

2018 年 6 月 5 日

本文书一式两份。一份送达受移送单位，一份市场和质量监督管理部门存档。

## 43. 涉嫌犯罪案件移送书

# 天津市市场和质量监督管理
# 涉嫌犯罪案件移送书

津市场监管____罪移〔____〕____号

____①____：

本机关在处理____②____中，发现____③____，涉嫌犯罪，依据《中华人民共和国行政处罚法》第二十二条、《行政执法机关移送涉嫌犯罪案件的规定》第三条的规定，现移送你单位依法查处。

依据《行政执法机关移送涉嫌犯罪案件的规定》第十二条的规定，本机关将在接到你单位立案通知书之日起三日内将涉案物品及与案件有关的其他材料移交你单位。

依据《行政执法机关移送涉嫌犯罪案件的规定》第八条的规定，你单位如认为当事人没有犯罪事实，或者犯罪事实显著轻微，不需要追究刑事责任，依法不予立案的，请说明理由，并书面通知本机关，退回有关案卷材料。

联系人：____________________联系电话：____________________

附件：相关材料__④__页

（印章）

⑤____年__月__日

本文书一式三份。一份送达公安机关，一份抄送人民检察院，一份由市场和质量监督管理部门存档。

《涉嫌犯罪案件移送书》是市场监管部门在查处违法行为过程中发现该违法行为涉嫌犯罪，依照有关规定将案件移送司法机关时向司法机关发出的书面文书。

（1）文书应用范围

根据《中华人民共和国行政处罚法》第七条、第二十二条和《天津市市场和质量监督管理行政处罚程序规定》第十九条第二款、第七十五条规定，移送涉嫌犯罪案件时使用。

（2）填写说明

①填入拟移送的公安机关正式名称。

②填入有关主体涉嫌违法行为的简要概述。

③填入移送的事实根据，即有关主体涉嫌犯罪的事实根据。

④填入移送材料页数。

⑤填入日期，加盖印章。

（3）需要注意的相关问题

1）在查办案件过程中，对符合刑事追诉标准、涉嫌犯罪的案件，应制作《涉嫌犯罪案件移送书》，及时将案件向同级公安机关移送，并抄送同级人民检察院。对未能及时移送并已作出行政处罚的涉嫌犯罪案件，应当于作出行政处罚十日以内向同级公安机关、人民检察院抄送《行政处罚决定书》。

2）本文书对于仅发现违法线索或者已经立案的情形均适用。

3）本文书一式三份，除市场监管部门存档一份外，一份送达公安机关，一份抄送人民检察院。应当附两份《送达回证》，分别由公安机关、人民检察院签收。

4）根据《行政执法相关移送涉及嫌犯罪案件的规定》第五条规定，应当在市场监管部门正职负责人或者主持工作的负责人批准后24小时内向同级公安机关移送。

# 天津市市场和质量监督管理
# 涉嫌犯罪案件移送书

津市场监管 × 罪移〔 2018 〕 3 号

天津市公安局 ×× 分局 ：

本机关在处理天津市××区××商店（赵××）涉嫌销售侵犯注册商标专用权的白酒一案 中，发现违法行为案值较大 ，涉嫌犯罪，依据《中华人民共和国行政处罚法》第二十二条、《行政执法机关移送涉嫌犯罪案件的规定》第三条的规定，现移送你单位依法查处。

依据《行政执法机关移送涉嫌犯罪案件的规定》第十二条的规定，本机关将在接到你单位立案通知书之日起三日内将涉案物品及与案件有关的其他材料移交你单位。

依据《行政执法机关移送涉嫌犯罪案件的规定》第八条的规定，你单位如认为当事人没有犯罪事实，或者犯罪事实显著轻微，不需要追究刑事责任，依法不予立案的，请说明理由，并书面通知本机关，退回有关案卷材料。

联系人： 李×× 联系电话： ××××××××

附件：相关材料 25 页

（印章）

2018 年 4 月 18 日

本文书一式三份。一份送达公安机关，一份抄送人民检察院，一份由市场和质量监督管理部门存档。

# 天津市市场和质量监督管理
# 涉嫌犯罪案件移送书

津市场监管 × 罪移〔2018〕2 号

天津市公安局××分局：

本机关在处理天津AA化肥有限公司涉嫌生产以不合格产品冒充合格产品的复合肥料一案中，发现违法行为案值较大，涉嫌犯罪，依据《中华人民共和国行政处罚法》第二十二条、《行政执法机关移送涉嫌犯罪案件的规定》第三条的规定，现移送你单位依法查处。

依据《行政执法机关移送涉嫌犯罪案件的规定》第十二条的规定，本机关将在接到你单位立案通知书之日起三日内将涉案物品及与案件有关的其他材料移交你单位。

依据《行政执法机关移送涉嫌犯罪案件的规定》第八条的规定，你单位如认为当事人没有犯罪事实，或者犯罪事实显著轻微，不需要追究刑事责任，依法不予立案的，请说明理由，并书面通知本机关，退回有关案卷材料。

联系人：刘× 联系电话：××××××××

附件：相关材料 30 页

（印章）

2018 年 8 月 2 日

本文书一式三份。一份送达公安机关，一份抄送人民检察院，一份由市场和质量监督管理部门存档。

# 天津市市场和质量监督管理
# 涉嫌犯罪案件移送书

津市场监管 × 罪移〔2018〕1 号

天津市公安局 ×× 分局：

本机关在处理蒋 × 涉嫌生产假药银杏叶一案中，发现蒋 × 生产假药银杏叶，涉嫌犯罪，依据《中华人民共和国行政处罚法》第二十二条、《行政执法机关移送涉嫌犯罪案件的规定》第三条的规定，现移送你单位依法查处。

依据《行政执法机关移送涉嫌犯罪案件的规定》第十二条的规定，本机关将在接到你单位立案通知书之日起三日内将涉案物品及与案件有关的其他材料移交你单位。

依据《行政执法机关移送涉嫌犯罪案件的规定》第八条的规定，你单位如认为当事人没有犯罪事实，或者犯罪事实显著轻微，不需要追究刑事责任，依法不予立案的，请说明理由，并书面通知本机关，退回有关案卷材料。

联系人：张 ×× 联系电话：××××××××

附件：相关材料 30 页

（印章）

2018 年 6 月 5 日

本文书一式三份。一份送达公安机关，一份抄送人民检察院，一份由市场和质量监督管理部门存档。

## 44. 涉嫌犯罪案件财物移送书

# 天津市市场和质量监督管理
# 涉嫌犯罪案件财物移送书

津市场监管____物移〔____〕____号

____①____：

因②________________________________________________________________________的违法行为涉嫌犯罪，依据《中华人民共和国行政强制法》第二十一条的规定，本机关现将采取行政强制措施的涉案有关财物（详见《（场所、设施、财物）清单》津市场监管__③__物移〔____〕____号）移送给你单位。

联系人：____________________联系电话：____________________

（印章）

④____年__月__日

本文书一式三份。一份送达公安机关，一份抄告当事人，一份由市场和质量监督管理部门存档。

《涉嫌犯罪案件财物移送书》是市场监管部门在将涉嫌犯罪的案件移送司法机关时，将已经采取查封、扣押的物品一并移交的书面文书。

（1）文书应用范围

《中华人民共和国行政强制法》第二十一条规定，违法行为涉嫌犯罪应当移送司法机关的，行政机关应当将查封、扣押、冻结的财物一并移送，并书面告知当事人。

根据《行政执法机关移送涉嫌犯罪案件的规定》第十二条规定：行政执法机关对公安机关决定立案的案件，应当自接到立案通知书之日起 3 日内将涉案物品以及与案件有关的其他材料移交公安机关，并办结交接手续；法律、行政法规另有规定的，依照其规定。市场监管部门应严格执行物品移交有关规定，制作此文书，连同查扣物品与相关公安机关办理交接手续。

（2）填写说明

①填入拟移送公安机关正式名称。

②填入案由。

③填入清单号应与相应文书一致。

④填入日期，加盖印章。

（3）需要注意的相关问题

1）本文书一式三份，除市场监管部门存档一份外，一份送达公安机关，送达公安机关后再将另一份抄告给当事人。

2）应当附两份《送达回证》，分别由公安机关、当事人签收。

3）先行登记保存的证据需要随涉嫌犯罪的案件一并移送的，参照使用本文书，本文书根据需要作相应修改。

# 天津市市场和质量监督管理
# 涉嫌犯罪案件财物移送书

津市场监管 × 物移〔2018〕3 号

天津市公安局 ×× 分局：

因天津市 ×× 区 ×× 商店（赵 ××）销售侵犯注册商标专用权的白酒的违法行为涉嫌犯罪，依据《中华人民共和国行政强制法》第二十一条的规定，本机关现将采取行政强制措施的涉案有关财物（详见《（场所、设施、财物）清单》津市场监管 × 物移〔2018〕3 号）移送给你单位。

联系人：李 ×× 联系电话：×××××××××

（印章）

2018 年 4 月 21 日

本文书一式三份。一份送达公安机关，一份抄告当事人，一份由市场和质量监督管理部门存档。

# 天津市市场和质量监督管理
# 涉嫌犯罪案件财物移送书

津市场监管 × 物移〔2018〕2 号

天津市公安局 ×× 分局：

因天津AA化肥有限公司生产以不合格产品冒充合格产品的复合肥料的违法行为涉嫌犯罪，依据《中华人民共和国行政强制法》第二十一条的规定，本机关现将采取行政强制措施的涉案有关财物（详见《（场所、设施、财物）清单》津市场监管 × 物移〔2018〕2 号）移送给你单位。

联系人：刘 × 联系电话：××××××××

（印章）

2018 年 8 月 5 日

本文书一式三份。一份送达公安机关，一份抄告当事人，一份由市场和质量监督管理部门存档。

# 天津市市场和质量监督管理
# 涉嫌犯罪案件财物移送书

津市场监管 × 物移〔2018〕1 号

天津市公安局 ×× 分局：

因蒋 ×× 生产假药银杏叶的违法行为涉嫌犯罪，依据《中华人民共和国行政强制法》第二十一条的规定，本机关现将采取行政强制措施的涉案有关财物（详见《（场所、设施、财物）清单》津市场监管 × 物移〔2018〕1 号）移送给你单位。

联系人：张 ×× 联系电话：×××××××××

（印章）

2018 年 6 月 8 日

本文书一式三份。一份送达公安机关，一份抄告当事人，一份由市场和质量监督管理部门存档。

## 45. 行政执法建议书

# 天津市市场和质量监督管理
# 行政执法建议书

津市场监管____执建〔____〕____号

______①______：

本机关在处理______②____________________________________________

____________________________________________________________中，发现

______③____________________________________________________________

____________________________________________________________________

____________________________________________________________________

______________________________，特建议你单位依法处理。

联系人：__④______________________联系电话：______________________

附件：相关材料____页

（印章）

⑤____年__月__日

本文书一式两份。一份送达受建议部门，一份市场和质量监督管理部门存档。

《行政执法建议书》是市场监管部门在办理行政违法案件时，根据法律、法规、规章规定，需要提请有关机关追究违法行为人相应法律责任时所使用的法律文书。

（1）文书应用范围

1）办理行政违法案件时，发现被调查人还有超出市场和质量监督管理职能的其他违法行为，依法需由其他行政机关处理的。

2）办理行政违法案件时，发现与本机关调查案件有关的其他单位或人员（非被调查人）存在违法行为，依法需由其他行政机关处理的。

（2）填写说明

①写明被建议部门的全称。

②写明案由

③写明市场监管部门办理行政违法案件中，发现的被调查人或有关单位和人员涉嫌违法的主要事实。

④联系人、联系电话的填写目的是方便联系。视情况可以填入办案人员姓名；

⑤注明日期并加盖印章。

（3）需要注意的相关问题

1）向其他行政机关发行政执法建议，应当先填写《行政执法有关事项审批表》，经机关负责人批准。

2）本文书应当附《送达回证》。

3）超出执法职权范围的违法行为，市场监管机关就无权查处，这是依法行政的基本要求。但是根据有关法律法规规定和社会主义法治建设的总体要求，市场监管机关有责任和义务就发现的违法行为向有关部门提出行政执法建议，由相应的部门进行查处。

4）本文书与案件移送书的主要区别在于：本文书对其他单位提出建议的同时不影响市场监管部门自身的查处工作，而案件移送书则针对本部门不作处罚而将案件全案移送给有管辖权的机关的情形。

# 天津市市场和质量监督管理
# 行政执法建议书

津市场监管 × 执建〔 2018 〕 13 号

×× 区市场和质量监督管理局：

本机关在处理天津市 ×× 区 ×× 商店（赵 ××）涉嫌销售侵犯注册商标专用权的白酒一案中，发现侵权的白酒是由你单位辖区的天津市 ×× 食品批发有限公司购进，特建议你单位依法处理。

联系人： 李 ×× 联系电话： ×××××××××

附件：相关材料 20 页

（印章）

2018 年 4 月 18 日

本文书一式两份。一份送达受建议部门，一份市场和质量监督管理部门存档。

# 天津市市场和质量监督管理
# 行政执法建议书

津市场监管 × 执建〔2018〕2 号

×× 区市场和质量监督管理局：

本机关在处理 天津 AA 化肥有限公司涉嫌生产以不合格产品冒充合格产品的复合肥料一案 中，发现当事人生产的不合格复合肥料销往你单位辖区的天津 BB 化肥销售有限公司

，特建议你单位依法处理。

联系人：刘 × 联系电话：××××××××

附件：相关材料 8 页

（印章）

2018 年 7 月 9 日

本文书一式两份。一份送达受建议部门，一份市场和质量监督管理部门存档。

# 天津市市场和质量监督管理
# 行政执法建议书

津市场监管__×__执建〔__2018__〕1 号

天津市 ×× 税务局______：

本机关在处理__×× 医药公司涉嫌销售劣药护肝丸一案__________中，发现__被调查人吴 ×× 有开具虚假发票的嫌疑__________，特建议你单位依法处理。

联系人：__张 ××__　联系电话：__×××××××××__

附件：相关材料__10__页

（印　章）

__2018__年__6__月__6__日

本文书一式两份。一份送达受建议部门，一份市场和质量监督管理部门存档。

## 46. 强制执行申请书

# 天津市市场和质量监督管理
# 强制执行申请书

津市场监管____执申〔____〕____号

____①__________人民法院：

申请人对被申请人作出的行政处罚决定（津市场监管②______________________罚〔____〕____号）已于____年__月__日依法送达被申请人，被申请人逾期未履行该行政处罚决定规定的义务。申请人于__③__年____月____日催告被申请人履行义务，被申请人仍未履行。

依据《中华人民共和国行政处罚法》第五十一条第三项和《中华人民共和国行政强制法》第五十三条、第五十四条等规定，特申请强制执行。被申请人基本情况及申请执行内容如下：

被申请人姓名或单位名称：__④______________________________

住所（经营场所）或者住址：________________________________

法定代表人（负 责 人）：__________________________________

申请执行内容：__⑤____________________________________

______________________________________________________

______________________________________________________

附件：相关材料____页

申请机关负责人签名： ⑥

（印章）

____年__月__日

本文书一式两份。一份送达人民法院，一份市场和质量监督管理部门存档。

《强制执行申请书》是市场监管部门对当事人在法定期限内拒不履行行政处罚决定，又不申请行政复议或提起诉讼的，市场监管部门向有管辖权的人民法院申请强制执行时使用的执法文书。

（1）文书应用范围

凡符合《天津市市场和质量监督管理行政处罚程序规定》第八十五条第三项规定的情形，当事人逾期不履行行政处罚决定的，依法申请人民法院强制执行时，应使用此文书。

（2）填写说明

①写明拟提请强制执行的人民法院正式名称。

②填写送达处罚决定文号及送达日期（公告送达的写为公告之日起的第61日）。

③写明催告的日期。

④被申请人基本情况。

⑤写明申请强制执行的具体项目，一般包括行政处罚决定书中的未执行的处罚内容及加处罚款内容。

⑥机关负责人签名并加盖行政机关印章。

（3）需要注意的相关问题

1）案件承办部门在申请人民法院强制执行时，应当首先填写《行政处罚有关事项审批表》，经本部门负责人签名。

2）本文书应附《送达回证》。

# 天津市市场和质量监督管理
# 强制执行申请书

津市场监管 × 执申〔 2018 〕 2 号

天津市 ×× 区 人民法院：

申请人对被申请人作出的行政处罚决定（津市场监管 × 罚〔 2018 〕 21 号）已于 2018 年 5 月 13 日依法送达被申请人，被申请人逾期未履行该行政处罚决定规定的义务。申请人于 2018 年 11 月 15 日催告被申请人履行义务，被申请人仍未履行。

依据《中华人民共和国行政处罚法》第五十一条第三项和《中华人民共和国行政强制法》第五十三条、第五十四条等规定，特申请强制执行。被申请人基本情况及申请执行内容如下：

被申请人姓名或单位名称：天津市 ×× 区 ×× 商店（赵 ××）

住所（经营场所）或者住址：天津市 ×× 区 ×× 路 ×× 号

法定代表人（负 责 人）：赵 ××

申请执行内容：1. 罚款 12.5 万元；2. 加处罚款 12.5 万元。以上合计 25 万元。

附件：相关材料 38 页

申请机关负责人签名：王 ××

（印章）

2018 年 12 月 3 日

本文书一式两份。一份送达人民法院，一份市场和质量监督管理部门存档。

# 天津市市场和质量监督管理
# 强制执行申请书

津市场监管 × 执申〔 2018 〕 2 号

天津市 ×× 区 人民法院：

申请人对被申请人作出的行政处罚决定（津市场监管 × 罚〔 2018 〕 18 号）已于 2018 年 4 月 16 日依法送达被申请人，被申请人逾期未履行该行政处罚决定规定的义务。申请人于 2018 年 10 月 18 日催告被申请人履行义务，被申请人仍未履行。

依据《中华人民共和国行政处罚法》第五十一条第三项和《中华人民共和国行政强制法》第五十三条、第五十四条等规定，特申请强制执行。被申请人基本情况及申请执行内容如下：

被申请人姓名或单位名称：天津 AA 化肥有限公司

住所（经营场所）或者住址：营业执照 1201000006××××

法定代表人（负 责 人）：武 ××

申请执行内容：1. 罚款 11000 元；2. 加处罚款 11000 元；以上合计 22000 元。

附件：相关材料 48 页

申请机关负责人签名：罗 ××

（印章）

2018 年 12 月 1 日

本文书一式两份。一份送达人民法院，一份市场和质量监督管理部门存档。

# 天津市市场和质量监督管理
# 强制执行申请书

津市场监管 × 执申〔2018〕1 号

天津市××区 人民法院：

申请人对被申请人作出的行政处罚决定（津市场监管 × 罚〔2018〕1 号）已于 2018 年 3 月 10 日依法送达对被申请人，被申请人逾期未履行该行政处罚决定规定的义务。申请人于 2018 年 9 月 12 日催告被申请人履行义务，被申请人仍未履行。

依据《中华人民共和国行政处罚法》第五十一条第三项和《中华人民共和国行政强制法》第五十三条、第五十四条等规定，特申请强制执行。被申请人基本情况及申请执行内容如下：

被申请人姓名或单位名称：××药业有限公司

住所（经营场所）或者住址：天津市××区××号

法定代表人（负 责 人）：×××

申请执行内容：1.没收违法所得 450 元；2.罚款 5075 元；3.加处罚款 5075 元。以上合计 10600 元。

附件：相关材料 40 页

申请机关负责人签名：吴××

（印章）

2018 年 10 月 26 日

本文书一式两份。一份送达人民法院，一份市场和质量监督管理部门存档。

## 47. 案件调查终结报告

# 天津市市场和质量监督管理
# 案件调查终结报告

当事人因涉嫌＿＿①＿＿＿＿＿＿＿＿＿＿＿＿＿＿＿＿＿＿＿＿＿＿＿＿＿＿＿＿＿＿

＿＿＿＿＿＿＿＿＿＿＿＿＿＿＿＿＿＿＿＿＿＿＿＿行为，＿＿＿年＿＿月＿＿日经批准予以立案，由＿＿＿＿＿＿＿＿承办此案。现已调查终结，报告如下：

当事人姓名或者单位名称：＿＿②＿＿＿＿＿＿＿＿＿＿＿＿＿＿＿＿＿＿＿＿

主体资格证件名称及号码：＿＿＿＿＿＿＿＿＿＿＿＿＿＿＿＿＿＿＿＿＿＿＿＿

住所（经营场所）或者住址：＿＿＿＿＿＿＿＿＿＿＿＿＿＿＿＿＿＿＿＿＿＿

法定代表人（负 责 人）：＿＿＿＿＿＿＿＿＿＿＿＿＿＿＿＿＿＿＿＿＿＿＿＿

调查的事实：＿＿③＿＿＿＿＿＿＿＿＿＿＿＿＿＿＿＿＿＿＿＿＿＿＿＿＿＿

主要证据及证明事项：＿＿④＿＿＿＿＿＿＿＿＿＿＿＿＿＿＿＿＿＿＿＿＿＿

第＿＿＿页 共＿＿＿页

从轻、减轻、从重处罚的理由：______⑤______________________________

______________________________________________________________

______________________________________________________________

案件性质及处理建议：当事人上述行为违反了/构成了《______________________

______⑥______________________________》第____条第____款第______项“____________

______________________________”的规定/所指的违法行为，依据

《______________________》第____条第____款第______项“____________”的规定，

______________________________________________________________

______________________________________________________________

______________________________________________________________

执法人员：______⑦______________

执法机构负责人：______________

____年__月__日

第____页　共____页

《案件调查终结报告》是指对于市场监管部门已经立案的案件，办案机构认为已经调查终结，或者应当终止调查的情况下，将全部案件情况和处理建议总结而成的书面报告，属于内部运转的专用文书。

（1）文书应用范围

办案机构经调查取证后，出现以下情形时，认为调查终结或者应当终止调查，撰写《案件调查终结报告》：

1）认为违法事实成立，应当予以行政处罚的，提出行政处罚建议；

2）认为违法事实不成立或者超出行政处罚追责时效的，提出销案建议；

3）认为依法不予行政处罚或者免予行政处罚的，提出不予行政处罚或者免予行政处罚的建议。

4）认为不属于本部门管辖的，提出移送其他行政机关的建议。

5）认为涉嫌犯罪的，提出移送司法机关的建议。

6）因涉嫌违法的自然人死亡或者法人、非法人组织终止，并且无权利义务承受人等原因，致使调查无法继续进行，需要终止调查的，提出终止调查的建议。

（2）填写说明

①概括写明立案时的案由、立案时间和指定的办案人员。办案人员发生变更的，增加描述办案人员变更情况。

②当事人基本情况的填写详见《文书排版及有关事项说明》。

③调查的事实。包括行为的时间、地点、目的、手段、情节、货值金额、违法所得、危害后果等。要客观真实，所描述的事实必须得到相关证据的支持，内容全面，重点突出。对于各种涉案财物的详细品名、规格、数据等不必面面俱到，简要概括总体情况及数量即可，详情体现在有关证据中即可。货值金额、违法所得的计算过程无需详细描述，此处只记录结果即可。为明确货值金额、违法所得的计算过程，可另行制作一份货值金额和违法所得计算说明，由办案人员根据现有证据列出计算公式，写清计算过程和结果，落款由承办部门盖章，并可交由当事人进行签字确认作为证据使用。

④主要证据及证明事项。证据是指办案人员在案件调查过程中收集到的书证、物证、证人证言、视听资料、计算机数据、当事人陈述、鉴定结论、现场检查笔录等证据材料。证据要全面，只要是能够证明案件事实的证据，不利于、有利于当事人的证据都应当记载。证据要按证据组来列举，每组证据后注明该组证据所证明的事项。

⑤从轻、减轻、从重处罚理由。此项仅涉及建议作出从轻、减轻、从重行政处罚的案件填写，从违法案件的具体事实、性质、情节、社会危害程度、主观过错以及公平公正等方面，结合裁量规则和基准进行裁量的内容。其他的案件不写此段内容，直接删除此项。

⑥案件性质及处理建议。根据相关法律、法规、规章的规定，对当事人的违法行为进行定性。应当写明定性、处罚所依据的法律条款，引用法律条文要具体至条、款、项。填入违法行为的定性条款时，对于禁止性条款采取“违反了……的规定”，对

于仅有界定性条款或罚则的采取“构成了……所指的违法行为”的写法。“（违反了/构成了）”“（的规定/所指的违法行为）”要分别划掉其中一项。最后提出处理建议，如建议销案、不予行政处罚、移交其他行政机关管辖、移送司法机关、终止调查等，对于建议处罚的应包括明确的行政处罚的种类和幅度。

⑦落款由办案人员、办案机构负责人签名，注明日期。

（3）需要注意的相关问题

1）《案件调查终结报告》不同于《行政处罚决定书》。《行政处罚决定书》是发给当事人的文书，《案件调查终结报告》是内部流转的文书，两者在行文、内容上不要求一致，也不应当完全一致。如在《案件调查终结报告》中可以写入有关案件的背景情况等，《行政处罚决定书》中就没有必要进行表述。

2）本文书样式仅是以建议予以行政处罚的情况为例。对于定性、处罚涉及多个法律依据的要根据实际情况在原有格式上添加。建议销案、不予/免予处罚、移送或者终止调查的情况需要根据各自不同的情况对格式及内容进行适当调整。

3）在事实认定和定性分析等意见上有分歧的，如果认为有必要，可以在提出倾向性意见的基础上同时对其他意见加以表述，供领导审批时参考。

4）办案机构应当将《案件调查终结报告》和其他案卷材料一起交由核审机构初审。

5）“责令改正”并非行政处罚种类，不要作为行政处罚内容进行表述，可写在处罚内容前，如“责令当事人……，并对当事人给予以下行政处罚：……”。

# 天津市市场和质量监督管理
# 案件调查终结报告

当事人因涉嫌销售侵犯注册商标专用权的白酒行为，2018 年 4 月 7 日经批准予以立案，由李 ××、张 ×× 承办此案。现已调查终结，报告如下：

当事人姓名或者单位名称：天津市 ×× 区 ×× 商店（赵 ××）

主体资格证件名称及号码：营业执照 ××××××××××××××××××

住所（经营场所）或者住址：天津市 ×× 区 ×× 路 ×× 号

法定代表人（负 责 人）：赵 ××

调查的事实：2017 年 12 月 1 日，当事人从一名推销员（具体情况未知）手中购进“洋河海之蓝”等 4 种型号白酒 12 瓶，在店内销售。进货时未索要票据，不能说明商品的合法来源及提供者，也无法联系到当时的供货人。经商标权利人江苏洋河酒厂股份有限公司鉴别，以上白酒非该公司生产，属侵权商品。上述行为满足侵犯注册商标专用权行为的构成要件。本案违法经营额 1910 元，未售出，无违法所得。

主要证据及证明事项：1. 当事人的营业执照、食品经营许可证复印件，经营者赵 ×× 身份证复印件，证明当事人的主体资格；2. 现场检查笔录、现场照片，证明当事人销售白酒的现场情况；3. 江苏洋河酒厂股份有限公司出具的产品鉴别证明书，营业执照、商标注册证复印件，打假人员证明及身份证复印件等材料，证明当事人销售的白酒侵犯了注册商标专用权；4. 对授权委托人钱 ×× 的询问调查笔录、身份证复印件、授权委托书，证明白酒的购进、销售的事实情节；5. 价格标签、违法经营额计算说明，证明涉案白酒的标价及违法经营额。

案件性质及处理建议：当事人上述行为构成了《中华人民共和国商标法》第五十七条第三项“有下列行为之一的，均属侵犯注册商标专用权：……（三）销售侵犯注册商标专用权的商品的”所指的违法行为，依据《中华人民共和国商标法》第六十条第二款“工商行政管理部门处理时，认定侵权行为成立的，责令立即停止侵权行为，没收、销毁侵权商品和主要用于制造侵权商品、伪造注册商标标识的工具，违法经营额五万元以上的，可以处违法经营额五倍以下的罚款，没有违法经营额或者违法经营额不足五万元的，可以处二十五万元以下的罚款。对五年内实施两次以上商标侵权行为或者有其他严重情节的，应当从重处罚。销售不知道是侵犯注册商标专用权的商品，能证明该商品是自己合法取得并说明提供者的，由工商行政管理部门责令停止销售。”的规定，责令当事人立即停止侵权行为，并对当事人给予以下行政处罚：1. 没收侵权的“洋河海之蓝”等 4 种型号白酒 12 瓶；2. 罚款 12.5 万元。

执法人员：李 ××、张 ××

执法机构负责人：刘 ××

2018 年 4 月 15 日

第 1 页 共 1 页

# 天津市市场和质量监督管理
# 案件调查终结报告

当事人因涉嫌生产以不合格产品冒充合格产品的复合肥料行为，2018年7月8日经批准予以立案，由刘×、陈××承办此案。现已调查终结，报告如下：

当事人姓名或者单位名称：天津AA化肥有限公司

主体资格证件名称及号码：营业执照1201000006××××

住所（经营场所）或者住址：武××

法定代表人（负 责 人）：天津市××区××路××号

调查的事实：当事人2018年6月25日生产的规格为50kg/袋的双效肥（复合肥料）600袋（共30吨），经××质检站抽样检验，水分指标不符合GB15063-2009《复混肥料（复合肥料）》的规定，被判定为不合格产品。当事人对检验结果无异议，在复检期内未提出复检申请。当事人未进行出厂检验，就在产品成品包装上印有合格标志，放任了该批次不合格产品的发生。上述行为满足以不合格产品冒充合格产品行为的构成要件。本案货值金额42000元，未售出，无违法所得。

主要证据及证明事项：1.天津AA化肥有限公司营业执照复印件、全国工业产品许可证、法定代表人身份证复印件，证明当事人的主体资格;2.检验报告、（检验、检测、检定、鉴定）委托书、（检验、检测、检定、鉴定）结果告知书、检验机构营业执照复印件、实验室认证证书复印件，证明当事人生产的复合肥料被判定为不合格产品；3.询问调查笔录（法定代表人、生产负责人、实验室人员分别询问）、授权委托书、受委托人身份证

复印件、在产品包装上印有合格证字样的照片，证明当事人生产以不合格冒充合格的复合肥料的事实情节；4.现场检查笔录、抽样取证记录、生产日报表、客户订单、货值金额计算说明，证明当事人生产不合格复合肥料的数量。

从轻、减轻、从重处罚的理由：当事人生产的违法产品尚未销售，未造成危害后果，应依据《中华人民共和国行政处罚法》第二十七条第一款第四项和《天津市市场和质量监督管理委员会行政处罚裁量细则（试行）》第二条第一项的规定予以从轻处罚。

案件性质及处理建议：当事人上述行为违反了《中华人民共和国产品质量法》第三十二条“ 生产者生产产品，不得掺杂、掺假，不得以假充真、以次充好，不得以不合格产品冒充合格产品。”的规定，依据《中华人民共和国产品质量法》第五十条“在产品中掺杂、掺假，以假充真，以次充好，或者以不合格产品冒充合格产品的，责令停止生产、销售，没收违法生产、销售的产品，并处违法生产、销售产品货值金额百分之五十以上三倍以下的罚款；有违法所得的，并处没收违法所得；情节严重的，吊

第 1 页　共 2 页

销营业执照；构成犯罪的，依法追究刑事责任。”的规定，责令当事人停止生产以不合格产品冒充合格产品的复合肥料行为，并对当事人给予以下行政处罚：1.没收违法生产的30吨双效肥（复合肥料）；2.处违法生产产品货值金额50%的罚款21000元。

执法人员：刘×、陈××

执法机构负责人：张××

2018年7月27日

# 天津市市场和质量监督管理
# 案件调查终结报告

当事人因涉嫌从无《药品生产许可证》、《药品经营许可证》的企业购进感愈胶囊等药品行为，2018年4月5日经批准予以立案，由王××、张××承办此案。现已调查终结，报告如下：

当事人姓名或者单位名称：天津市××药业有限公司

主体资格证件名称及号码：营业执照×××××××××××××××××××

住所（经营场所）或者住址：天津市××区××路××号

法定代表人（负 责 人）：蒙××

调查的事实：当事人经营的感愈胶囊等3种药品无法提供购进药品的票据和供货单位资质证明，当事人承认×年×月×日购进该批药品时没有索取任何资质证明和购进票据，剩余药品110盒。上述行为满足从无《药品生产许可证》、《药品经营许可证》的企业购进药品行为的构成要件。本案货值金额1450元，违法所得450元。

主要证据及证明事项：1.该公司的营业执照、药品经营许可证复印件，法定代表人蒙××身份证复印件，证明当事人的主体资格；2.现场检查笔录、现场照片，证明当事人销售感愈胶囊等药品现场情况；3.对蒙××的询问调查笔录，证明当事人从无《药品生产许可证》《药品经营许可证》的企业购进感愈胶囊等药品的事实情节；4.销售票据、货值金额和违法所得计算说明，证明本案货值金额和违法所得数额。

案件性质及处理建议：当事人上述行为违反了《中华人民共和国药品管理法》第三十四“药品生产企业、药品经营企业、医疗机构必须从具有药品生产、经营资格的企业购进药品；但是，购进没有实施批准文号管理的中药材除外。”的规定，依据《中华人民共和国药品管理法》第七十九条“药品的生产企业、经营企业或者医疗机构违反本法第三十四条的规定，从无《药品生产许可证》、《药品经营许可证》的企业购进药品的，责令改正，没收违法购进的药品，并处违法购进药品货值金额二倍以上五倍以下的罚款；有违法所得的，没收违法所得；情节严重的，吊销《药品生产许可证》《药品经营许可证》或者医疗机构执业许可证书。”的规定，对当事人给予以下行政处罚：1.没收违法购进的感愈胶囊等3种药品110盒（详见《（场所、设施、财物）清单》津市场监管×罚〔2018〕5号）；2.没收违法所得450元；3.处违法购进药品货值金额3.5倍的罚款5075元。

执法人员：张××、王××

执法机构负责人：赵××

2018年6月2日

第1页 共1页

## 48. 听证报告

# 天津市市场和质量监督管理
# 听 证 报 告

案件名称：①________________________________

听证日期：②____年__月__日

听证主持人：③________________________________

案件基本情况：④________________________________

________________________________________________

________________________________________________

办案人员主要意见：⑤________________________________

________________________________________________

________________________________________________

第____页 共____页

当事人主要理由：⑥

听证意见：⑦

⑧听证主持人：
____年__月__日

第____页 共____页

《听证报告》是听证主持人在听证结束后向市场监管部门负责人提交的关于听证情况和处理意见的书面文书。

（1）文书应用范围

依据《天津市市场和质量监督管理若干规定》第六十九条的规定，听证结束后，听证主持人应当在五个工作日内撰写出听证报告并签名，连同听证笔录一并上报市场监管部门负责人。

（2）填写说明

1）内容完整。听证报告应当包括以下内容：①案件名称；②听证的日期；③听证主持人姓名；④案件基本情况；⑤办案人员主要意见；⑥当事人主要理由；⑦听证意见；⑧落款。

2）重点突出。对于案件基本情况、办案人员主要意见、当事人主要理由等可以简写，因为这些内容在《听证笔录》中有详细的记录供机关负责人审查。听证意见是听证报告的价值所在，应当作为重点加以阐明。

3）案件基本情况部分，只简要介绍案情，不对案件进行定性。

4）关于听证意见，要在对案件事实、证据分析的基础上，根据具体情况，提出同意拟作出的行政处罚建议、改变拟作出的行政处罚建议、撤销拟作出的行政处罚建议等意见，也可以提出由办案机关重新进行研究、提交案件审理委员会集体讨论决定等建议。

（3）需要注意的相关问题

根据申辩不加重处罚的原则，听证主持人不应当采纳行政处罚当事人提供的对其不利的证据认定案件事实，更不能作出比拟作出行政处罚更重的行政处罚建议。

# 天津市市场和质量监督管理
# 听 证 报 告

案件名称：天津市 ×× 区 ×× 商店（赵 ××）涉嫌销售侵犯注册商标专用权的白酒案
听证日期：2018 年 5 月 6 日
听证主持人：郑 ××

案件基本情况：2017 年 12 月 1 日，当事人从一名推销员（具体情况未知）手中购进“洋河海之蓝”等 4 种型号白酒 12 瓶，在店内销售。进货时未索要票据，不能说明商品的合法来源及提供者，也无法联系到当时的供货人。经商标权利人江苏洋河酒厂股份有限公司鉴别，以上白酒非该公司生产，属侵权商品。本案违法经营额 1910 元，未售出，无违法所得。本案于 2018 年 4 月 7 日立案，2018 年 × 月 × 日向当事人送达《行政处罚事先告知书》，拟对当事人给予以下行政处罚：1. 没收侵权的“洋河海之蓝”等 4 种型号白酒 12 瓶；2. 罚款 12.5 万元。

办案人员主要意见：当事人进货时未索要票据，不能说明商品的合法来源及提供者，也无法联系到当时的供货人，不属于《中华人民共和国商标法》第六十条规定的“销售不知道是侵犯注册商标专用权的商品，能证明该商品是自己合法取得并说明提供者的”情形，应予处罚。

当事人主要理由：当事人购进白酒时的价格与正品并无较大差异，可见当事人不知道该商品为侵权商品，依据《中华人民共和国商标法》第六十条应当责令改正并免予处罚。

听证意见：经过听证，认为……。该案事实清楚、证据确凿、程序合法、适用法律正确、裁量适当，同意办案人员的处罚建议。

听证主持人：郑 ××
2018 年 5 月 9 日

第 1 页 共 1 页

# 天津市市场和质量监督管理

# 听 证 报 告

案件名称：天津 AA 化肥有限公司涉嫌生产以不合格产品冒充合格产品的复合肥料案

听证日期：2018 年 8 月 11 日

听证主持人：郝 ×

案件基本情况：当事人2018年6月25日生产的规格为50kg/袋的双效肥（复合肥料）600 袋（共 30 吨），经 ×× 质检站抽样检验，水分指标不符合 GB15063—2009《复混肥料（复合肥料）》的规定，被判定为不合格产品。当事人对检验结果无异议，在复检期内未提出复检申请。本案货值金额 42000 元，未售出，无违法所得。本案于 2018 年 7 月 8 日立案，2018 年 × 月 × 日向当事人送达《行政处罚事先告知书》，拟对当事人给予以下行政处罚：1.没收违法生产的 30 吨双效肥（复合肥料）；2.处违法生产产品货值金额 50% 的罚款 21000 元。

办案人员主要意见：当事人未进行出厂检验，就在产品成品包装上印有合格标志，放任了该批次不合格产品的发生，满足以不合格产品冒充合格产品行为的构成要件，违法事实成立，证据充分，办案程序合法，适用法律准确，处罚得当。

当事人主要理由：当事人从本意上从未有恶意欺诈和故意隐瞒不合格的意愿，不符合以不合格产品冒充合格产品的必要条件，故适用法律错误。

听证意见：经过听证，认为……。该案事实清楚、证据确凿、程序合法、适用法律正确、裁量适当，同意办案人员的处罚建议。

听证主持人：郝 ×

2018 年 8 月 13 日

第 1 页 共 1 页

# 天津市市场和质量监督管理
# 听 证 报 告

案件名称： ××皮肤专科医院涉嫌从无《药品生产许可证》《药品经营许可证》的企业购进药品案
听证日期：2018年7月20日
听证主持人：刘××

案件基本情况：××皮肤专科医院于2018年6月4日从××曙光化工企业集团公司购进由该集团公司所属子公司利发制药有限公司生产的复方醋酸地塞米松乳膏等10个品规的药品，价值2万元。经查，利发制药有限公司具有《药品生产许可证》，但该批药品是以××曙光化工企业集团公司名义销售，该集团公司既无《药品生产许可证》，也无《药品经营许可证》，只有《医疗器械经营许可证》。本案于2018年6月10日立案，2018年×月×日向当事人送达《行政处罚事先告知书》，拟对当事人给予以下行政处罚：1.没收违法购进的复方醋酸地塞米松乳膏等10个品规的药品（详见《（场所、设施、财物）清单》津市场监管×罚〔2018〕5号；2.罚款6万元。

办案人员主要意见：当事人从无药品经营资格的企业购进药品的事实成立，证据充分，办案程序合法，适用法律准确，处罚得当。

当事人主要理由：××曙光化工企业集团公司购进的复方醋酸地塞米松乳膏等10个品规的药品，是由该公司所属子公司利发制药有限公司生产的合格药品，购货渠道正常。××区市场和质量监督管理局没有证据证明该批药品有质量问题，采取了扣押行政强制措施，不符合《药品管理法》第六十四条第二款规定的适用范围，拟处以“没收药品，罚款6万元”的行政处罚，量罚过重，采取责令改正足以达到教育的目的。

听证意见：经过听证，认为……。该案事实清楚、证据确凿、程序合法、适用法律正确、裁量适当，同意办案人员的处罚建议。

听证主持人：刘××
2018年7月21日

第1页 共1页

## 49. 送达回证

# 天津市市场和质量监督管理
# 送 达 回 证

<table>
<tr><td>受送达人</td><td colspan="3">①</td></tr>
<tr><td>送达方式</td><td colspan="3">②□直接送达　□留置送达　□委托送达<br>□邮寄送达　□电子送达　□公告送达</td></tr>
<tr><td>送达地点</td><td colspan="3">③</td></tr>
<tr><td colspan="2">送达文书名称</td><td colspan="2">文号</td></tr>
<tr><td colspan="2">④</td><td colspan="2">⑤</td></tr>
<tr><td colspan="2"></td><td colspan="2"></td></tr>
<tr><td colspan="2"></td><td colspan="2"></td></tr>
<tr><td>收件人签名</td><td>⑥<br>年　月　日</td><td>见证人签名</td><td>⑦<br>年　月　日</td></tr>
<tr><td>执法人员签名</td><td colspan="3">⑧<br>年　月　日</td></tr>
<tr><td>备　注</td><td colspan="3">1. 代收人签收的应在此栏注明理由。<br>2. 非直接送达的需在此栏注明情况，并附相关材料。<br>⑨</td></tr>
</table>

《送达回证》是市场监管部门在送达文书时，记载相关文书已经送达的书面凭证。

（1）文书应用范围

依据《天津市市场和质量监督管理行政处罚程序规定》第八十二条的规定，市场监管部门送达文书的方式包括：直接送达、邮寄送达、委托送达、留置送达、电子送达、公告送达。《送达回证》用于记载通过以上各类方式送达文书。

（2）填写说明

①填入受送达人的姓名或者名称。

②填入送达地点。送达地点一般应当详细填写到街道、楼栋、单元、门牌号等完整信息，电子送达的填写送达的电子邮箱号等，公告送达的不填写此项，划斜杠线。

③勾选送达方式。

④⑤填入送达文书名称及文号，应当写清楚所送达的文书的具体名称及文号，可同时送达多个文书，末尾一行下仍有空白的，注明“以下空白”。

⑥由收件人签名并填写收件时间，非直接送达的不填写此项。受送达人是个人或者个体工商户的，收件人一般应当是其本人；受送达人是法人或者非法人组织的，收件人一般应当是法人的法定代表人、非法人组织的主要负责人。但收件人并不局限于上述人。参照《中华人民共和国民事诉讼法》第七十八条的规定，直接送达行政处罚文书时，一般可以按照以下情况处理：

a. 受送达人是个人或者个体工商户的，本人不在交他的同住成年家属签收；

b. 受送达人是法人或者非法人组织的，应当由法人的法定代表人、非法人组织的主要负责人或者该法人、组织负责收件的人签收；

c. 受送达人向市场监管部门指定了代理人或者代收人的，可以送交其代理人或者代收人签收。

⑦由见证人签名或者盖章并填写见证时间。只有在受送达人拒绝签收、送达人需要记载拒收的情况下才需要见证人签名或者盖章，否则，此栏没有必要填写。同时，见证人不得是市场监管部门的执法人员。

⑧由执法人签名并填写送达时间，应当为二人以上。

⑨代收人签收的应在此栏注明理由。非直接送达的需在此栏注明情况，并附相关证明送达的材料。

（3）需要注意的相关问题

1）《送达回证》一般情况下只需一份由市场监管部门留存即可，无需将《送达回证》本身也送达当事人一份。

2）《当场行政处罚决定书》本身有当事人签名，直接送达的情况下无需使用《送达回证》。《（场所、设施、财物）清单》所附属的文书及文号已记录在《送达回证》中的，《（场所、设施、财物）清单》的名称及其文号无需在《送达回证》中重复记录。

# 天津市市场和质量监督管理
# 送达回证

<table>
<tr><td>受送达人</td><td colspan="3">天津市 ×× 区 ×× 商店（赵 ××）</td></tr>
<tr><td>送达方式</td><td colspan="3">☒ 直接送达　☒ 留置送达　☒ 委托送达<br>☒ 邮寄送达　☒ 电子送达　☑ 公告送达</td></tr>
<tr><td>送达地点</td><td colspan="3">————————</td></tr>
<tr><td colspan="2">送达文书名称</td><td colspan="2">文号</td></tr>
<tr><td colspan="2">履行行政处罚决定催告书</td><td colspan="2">津市场监管 × 履催〔2018〕2 号</td></tr>
<tr><td colspan="2">以下空白</td><td colspan="2"></td></tr>
<tr><td colspan="2"></td><td colspan="2"></td></tr>
<tr><td>收件人签名</td><td>年　月　日</td><td>见证人签名</td><td>年　月　日</td></tr>
<tr><td>执法人员签名</td><td colspan="3">李 ××、张 ××<br>2018 年 11 月 15 日</td></tr>
<tr><td>备　注</td><td colspan="3">1．代收人签收的应在此栏注明理由。<br>2．非直接送达的需在此栏注明情况，并附相关材料。<br>通过《天津日报》2018 年 11 月 15 日第 × 版刊登公告，报样附后</td></tr>
</table>

# 天津市市场和质量监督管理
# 送 达 回 证

<table>
<tr><td>受送达人</td><td colspan="3">天津 AA 化肥有限公司</td></tr>
<tr><td>送达方式</td><td colspan="3">☒ 直接送达　☒ 留置送达　☒ 委托送达<br>☑ 邮寄送达　☒ 电子送达　☒ 公告送达</td></tr>
<tr><td>送达地点</td><td colspan="3">天津市 ×× 区 ×× 路 ×× 号</td></tr>
<tr><td colspan="2">送达文书名称</td><td colspan="2">文号</td></tr>
<tr><td colspan="2">行政处罚事先告知书</td><td colspan="2">津市场监管 × 罚告〔2018〕18 号</td></tr>
<tr><td colspan="2">以下空白</td><td colspan="2"></td></tr>
<tr><td colspan="2"></td><td colspan="2"></td></tr>
<tr><td>收件人签名</td><td>年　月　日</td><td>见证人签名</td><td>年　月　日</td></tr>
<tr><td>执法人员签名</td><td colspan="3">刘 ×、陈 ××<br>2018 年 8 月 1 日</td></tr>
<tr><td>备　注</td><td colspan="3">1．代收人签收的应在此栏注明理由。<br>2．非直接送达的需在此栏注明情况，并附相关材料。<br>因直接送达方式未能送达，2018 年 8 月 1 日采取邮寄方式进行送达，当事人已签收，附邮局收据及挂号回执。</td></tr>
</table>

# 天津市市场和质量监督管理
# 送 达 回 证

<table>
<tr><td>受送达人</td><td colspan="3">×× 药业有限公司</td></tr>
<tr><td>送达方式</td><td colspan="3">☑ 直接送达　☒ 留置送达　☒ 委托送达<br>☒ 邮寄送达　☒ 电子送达　☒ 公告送达</td></tr>
<tr><td>送达地点</td><td colspan="3">天津市 ×× 区 ×× 路 ×× 号该公司办公室</td></tr>
<tr><td colspan="2">送达文书名称</td><td colspan="2">文号</td></tr>
<tr><td colspan="2">行政处罚决定书</td><td colspan="2">津市场监管 × 罚〔2018〕1 号</td></tr>
<tr><td colspan="2">天津市非税收入统一缴款书</td><td colspan="2">No.×××××××××</td></tr>
<tr><td colspan="2">天津市没收物资（或追回赃物）统一收据</td><td colspan="2">No.×××××××××</td></tr>
<tr><td colspan="2">以下空白</td><td colspan="2"></td></tr>
<tr><td colspan="2"></td><td colspan="2"></td></tr>
<tr><td>收件人签名</td><td>李 ××<br>2018 年 7 月 8 日</td><td>见证人签名</td><td>年　月　日</td></tr>
<tr><td>执法人员签名</td><td colspan="3">张 ××、王 ××<br>2018 年 7 月 8 日</td></tr>
<tr><td>备　注</td><td colspan="3">1．代收人签收的应在此栏注明理由。<br>2．非直接送达的需在此栏注明情况，并附相关材料。</td></tr>
</table>

## 50. 取证单

# 天津市市场和质量监督管理
# 取　证　单

| 证据名称 | ① |
| --- | --- |
| 取证日期 | ②　　年　　月　　日 |
| 取证地点 | ③ |
| 执法人员签名 | ④ |
| （证据提供人/当事人或委托代理人/见证人）意见及签名盖章：<br>⑤ | |
| （证　据　粘　贴　处）　　加盖骑缝章或骑缝按手印<br>⑥ | |
| 告知：1．如果属于当事人或者知情人提供的，提供人签名后表示已经确认本证据单上的证据材料是其提供的，保证所提供的证据材料以及所证明的事实是真实的，并承担相应的法律责任。<br>2．本件非原件的，本件上应由原件持有人签名（盖章）确认与原件无误。 | |

《取证单》是市场监管部门在依法行使职权，查办涉嫌违法案件过程中，依法提取案件证据而使用的执法文书。

（1）文书应用范围

依据《天津市市场和质量监督管理行政处罚程序规定》第三十一条、第三十二条规定，凡执法人员提取的与案件违法事实相关的书面证据材料、照片等纸质或可粘贴、保存于取证单的其他证据材料均可使用此文书。

对于证明同一事项的多页材料，也可使用此文书作为证据取证封面，将该多页证据材料附此文书后。

（2）填写说明

①证据名称应为可以体现证据内容性质的简易名称。如“**公司**季度财务报表”“违法生产的食品照片”等。

②和③证据提取的时间、地点应精确且可核实。

④取证人应为有执法资格的执法人员，应为两人以上。

⑤由证据提供人、当事人或委托代理人、见证人填写意见及签名盖章，前面“（证据提供人/当事人或委托代理人/见证人）”根据实际情况划掉不需要的项目。填写的意见应保证提供证据的真实性、完整性，如无法确认的，应当予以简要说明。签名应为本人亲笔签署，对于单位除了相关人员签名外还应加盖其公章。

⑥在此处粘贴、保存证据材料、照片等，骑缝处应当加盖骑缝章或骑缝按手印。将本文书作为证据取证封面使用时，在此处注明“×××材料××页附后”等文字说明，相关证据材料与此文书右侧间加盖骑缝章或骑缝按指纹。

（3）需要注意的相关问题

1）本文书并非必用文书，只要提取证据的形式符合程序规定的式样即可。

2）取证单的证据名称和当事人或委托代理人、证据提供人、见证人的确认意见，应能明确体现出该证据的来源、名称、与本案的关系等内容。如无特殊要求，无需再另附证据或照片的说明。

# 天津市市场和质量监督管理
# 取　证　单

| 证据名称 | 当事人销售的“洋河海之蓝”白酒照片 |
|---|---|
| 取证日期 | 2018 年 4 月 6 日 |
| 取证地点 | 天津市 ×× 区 ×× 路 ×× 号天津市 ×× 区 ×× 商店货架 |
| 执法人员签名 | 李 ××、张 ×× |

（~~证据提供人~~/当事人或委托代理人/~~见证人~~）意见及签名盖章：

情况属实。

赵 ××

（证　据　粘　贴　处）　　加盖骑缝章或骑缝按手印

告知：1．如果属于当事人或者知情人提供的，提供人签名后表示已经确认本证据单上的证据材料是其提供的，保证所提供的证据材料以及所证明的事实是真实的，并承担相应的法律责任。

2．本件非原件的，本件上应由原件持有人签名（盖章）确认与原件无误。

# 天津市市场和质量监督管理
# 取　　证　　单

| 证据名称 | 复合肥料产品包装照片 |
|---|---|
| 取证日期 | 2018年8月2日 |
| 取证地点 | 天津市××区××路××号天津AA化肥有限公司库房 |
| 执法人员签名 | 刘×、陈×× |

（~~证据提供人~~/当事人或委托代理人/~~见证人~~）意见及签名盖章：

情况属实。

武××

（证　据　粘　贴　处）　　　　加盖骑缝章或骑缝按手印

告知：1．如果属于当事人或者知情人提供的，提供人签名后表示已经确认本证据单上的证据材料是其提供的，保证所提供的证据材料以及所证明的事实是真实的，并承担相应的法律责任。

2．本件非原件的，本件上应由原件持有人签名（盖章）确认与原件无误。

# 天津市市场和质量监督管理
# 取　　证　　单

| 证 据 名 称 | 药品护肝丸的购进发票复印件 |
| --- | --- |
| 取 证 日 期 | 2018年5月8日 |
| 取 证 地 点 | ××区××路××号××药店内 |
| 执法人员签名 | 张××、王×× |

（证据提供人/~~当事人或委托代理人/见证人~~）意见及签名盖章：

这是我单位购进药品护肝丸的发票复印件共10页，与原件一致。

陈××

（证　据　粘　贴　处）　　加盖骑缝章或骑缝按手印

药品护肝丸的购进发票复印件共10页附后

告知：1．如果属于当事人或者知情人提供的，提供人签名后表示已经确认本证据单上的证据材料是其提供的，保证所提供的证据材料以及所证明的事实是真实的，并承担相应的法律责任。

2．本件非原件的，本件上应由原件持有人签名（盖章）确认与原件无误。

## 51. （场所、设施、财物）清单

# 天津市市场和质量监督管理
# （场所、设施、财物）清单

津市场监管__①__〔____〕____号

| 名称 | 标示生产或经营单位（场所、设施地点） | 规格型号 | 生产批号（生产日期） | 数量（面积） | 单价 | 备注 |
|---|---|---|---|---|---|---|
| ② | ③ | ④ | ⑤ | ⑥ | ⑦ | ⑧ |
| | | | | | | |
| | | | | | | |
| | | | | | | |
| | | | | | | |
| | | | | | | |
| | | | | | | |
| | | | | | | |
| | | | | | | |

上述内容经核对无误。

当事人（委托代理人）签名：__⑨__ ____年__月__日
见证人签名：__⑩__ ____年__月__日
执法人员签名：⑪______ ____年__月__日
保管人签名：⑫______ ____年__月__日

本文书一式两份。一份送达受送达人，一份市场和质量监督管理部门存档。

第____页 共____页

（续　页）

| 名称 | 标示生产或经营单位（场所、设施地点） | 规格型号 | 生产批号（生产日期） | 数量（面积） | 单价 | 备注 |
| --- | --- | --- | --- | --- | --- | --- |
|  |  |  |  |  |  |  |
|  |  |  |  |  |  |  |
|  |  |  |  |  |  |  |
|  |  |  |  |  |  |  |
|  |  |  |  |  |  |  |
|  |  |  |  |  |  |  |
|  |  |  |  |  |  |  |
|  |  |  |  |  |  |  |
|  |  |  |  |  |  |  |
|  |  |  |  |  |  |  |
|  |  |  |  |  |  |  |
|  |  |  |  |  |  |  |
|  |  |  |  |  |  |  |
|  |  |  |  |  |  |  |

上述内容经核对无误。

当事人（委托代理人）签名：________

见证人签名：________________

执法人员签名：______________

保管人签名：________________

本文书一式两份。一份送达受送达人，一份市场和质量监督管理部门存档。

第____页　共____页

《（场所、设施、财物）清单》是市场监管部门在执法过程中对需要详细登记的场所、设施、财物进行登记造册的书面凭证。

（1）文书应用范围

制作《实施行政强制措施决定书》《先行登记保存证据通知书》《（场所、设施、财物）委托保管书》《（检验、检测、检定、鉴定）结果告知书》《先行处理物品通知书》《涉案物品处理记录》《涉嫌犯罪案件财物移送书》及部分解除行政强制措施的《解除行政强制措施决定书》、部分延长行政强制措施期限的《延长行政强制措施期限决定书》等文书时，在需要列明文书所指相关场所、设施、财物的情况下，均应当附本《（场所、设施、财物）清单》。《行政处罚决定书》处罚内容中没收物品较多时，也可以附本《（场所、设施、财物）清单》进行列明。

（2）填写说明

①一般填写该文书所附属的文书的文号，如津市场监管稽罚〔2018〕1号《实施行政强制措施决定书》所附的《（场所、设施、财物）清单》的文号同为“津市场监管稽罚〔2018〕1号”。《涉案物品处理记录》所附的《（场所、设施、财物）清单》文种代字为“物处”，单独进行编号。

②填入场所、设施、财物名称，相对具体一点为宜，如“成品库一号库”“铜芯PVC绝缘电线”“黑白激光打印机”。

③对于财物应当标示生产企业或经营单位，对于场所、设施则应标示其具体地点。

④对于财物应当标示其规格或型号，对于场所则不填此项。

⑤对于设施、财物涉及批号或生产日期的，在此栏予以标注，对于场所则不填此项。

⑥对于设施、财物应当标示其数量，对于场所应当标示其面积。涉及法定计量单位的，注意是填写法定计量单位。

⑦对于用于销售的财物应当标示其价格。

⑧填入其他认为需要补充填入的内容，如包装情况、物品颜色、新旧程度、标称商标等。

⑨如果当事人为自然人，应当由该自然人签名或者盖章。如果当事人为法人或者非法人组织，一般应当由其法定代表人、主要负责人或者其授权委托人签名或者盖章，并加盖单位印章，注明日期；如果其法定代表人或者主要负责人不在场，也可由在场的其他负责人员签名或者盖章，并注明日期，其他负责人的身份应当注明。对用于处理没收物品的《涉案物品处理记录》等无需送达或告知当事人的文书所附的《（场所、设施、财物）清单》则无需经当事人签名。

⑩请当事人、市场监管部门以外的第三人，如街道办事处、市场开办者等第三方的人士进行见证时填写。没有则不填。

⑪由两名以上执法人员分别签名或者盖章。

⑫对于《（场所、设施、财物）委托保管书》所附的《（场所、设施、财物）清单》，则由保管人在此处签名或者盖章。其他情况下，一般不用填写此项。

（3）需要注意的相关问题

1）文书名称中的“（场所、设施、财物）”三项均予以保留，不必勾选和删除。

2）在填有物品的最后一行的下一行注明“以下空白”。

3）需要多页时，应使用续页。每一页下均应当有相关签名。

其中首页签名处均应注明日期，续页仅需签名即可。

4）要重视当事人、见证人的签名确认问题。为保证《（场所、设施、财物）清单》的证据效力，应当尽量取得当事人本人或者其授权委托人、当事人的法定代表人、主要负责人或者其授权委托人的签名确认。在无法得到这些签名的情况下，应当采取录像方式进行记录或请第三人进行见证。对于在场的当事人的其他负责人员签名，其证明效力有一定缺陷，因而尽量不要仅以其签名作为当事人确认的依据。

# 天津市市场和质量监督管理
# （场所、设施、财物）清单

津市场监管 × 罚〔 2018 〕 21 号

| 名称 | 标示生产或经营单位（场所、设施地点） | 规格型号 | 生产批号（生产日期） | 数量（面积） | 单价 | 备注 |
|---|---|---|---|---|---|---|
| “洋河海之蓝”白酒 | 江苏洋河酒厂股份有限公司 | 38° 480mL | 2017年8月9日 | 3瓶 | 90元 | |
| “洋河海之蓝” 白酒 | 江苏洋河酒厂股份有限公司 | 52° 480mL | 2017年8月9日 | 6瓶 | 100元 | |
| “洋河天之蓝” 白酒 | 江苏洋河酒厂股份有限公司 | 52° 480mL | 2017年8月9日 | 1瓶 | 24元 | |
| “洋河梦之蓝” 白酒 | 江苏洋河酒厂股份有限公司 | 42.8° 500mL | 2017年8月9日 | 2瓶 | 400元 | |
| 以下空白 | | | | | | |
| | | | | | | |
| | | | | | | |
| | | | | | | |
| | | | | | | |
| | | | | | | |
| | | | | | | |
| | | | | | | |

上述内容经核对无误。

当事人（委托代理人）签名：赵×× 2018 年 5 月 13 日

见证人签名：＿＿＿＿ 年 月 日

执法人员签名：李××、张×× 2018 年 5 月 13 日

保管人签名：＿＿＿＿ 年 月 日

本文书一式两份。一份送达受送达人，一份市场和质量监督管理部门存档。

第 1 页 共 1 页

# 天津市市场和质量监督管理

# （场所、设施、财物）清单

津市场监管 × 登存〔 2018 〕 7 号

| 名称 | 标示生产或经营单位（场所、设施地点） | 规格型号 | 生产批号（生产日期） | 数量（面积） | 单价 | 备注 |
|---|---|---|---|---|---|---|
| 双效肥(复合肥料) | 天津AA化肥有限公司 | 50kg/袋 | 2018年6月25日 | 30吨 | 1400元/吨 | |
| 以下空白 | | | | | | |
| | | | | | | |
| | | | | | | |
| | | | | | | |
| | | | | | | |
| | | | | | | |
| | | | | | | |
| | | | | | | |
| | | | | | | |
| | | | | | | |

上述内容经核对无误。

当事人（委托代理人）签名： 武×× 2018 年 8 月 2 日

见证人签名：＿＿＿＿ ＿＿年＿月＿日

执法人员签名： 刘×、陈× 2018 年 8 月 2 日

保管人签名：＿＿＿＿ ＿＿年＿月＿日

本文书一式两份。一份送达受送达人，一份市场和质量监督管理部门存档。

第 1 页 共 1 页

# 天津市市场和质量监督管理
# （场所、设施、财物）清单

津市场监管＿×＿实强〔＿2018＿〕＿8＿号

| 名称 | 标示生产或经营单位（场所、设施地点） | 规格型号 | 生产批号（生产日期） | 数量（面积） | 单价 | 备注 |
|---|---|---|---|---|---|---|
| 护肝丸 | ×× 药业有限公司 | 0.45g/ 粒 ×100 粒 | 221218 | 500 瓶 | 5.00 | 塑瓶 |
| 去痛片 | ×× 药业有限公司 | 0.45g/ 粒 ×100 粒 | 040328 | 200 瓶 | 6.80 | 塑瓶 |
| 以下空白 | | | | | | |
| | | | | | | |
| | | | | | | |
| | | | | | | |
| | | | | | | |
| | | | | | | |
| | | | | | | |
| | | | | | | |
| | | | | | | |
| | | | | | | |

上述内容经核对无误。

当事人（委托代理人）签名：＿陈 ××＿＿＿＿　＿2018 年＿6＿月＿4＿日

见证人签名：＿＿＿＿＿＿＿＿　＿＿＿年＿＿月＿＿日

执法人员签名：＿张 ××、王 ××＿＿＿＿　＿2018 年＿6＿月＿4＿日

保管人签名：＿＿＿＿＿＿＿＿　＿＿＿年＿＿月＿＿日

本文书一式两份。一份送达受送达人，一份市场和质量监督管理部门存档。

第＿1＿页　共＿1＿页

## 52. 封条

天津市市场和质量监督管理 封条

年 月 日

（印章）

注：大封条长 38cm，宽 11cm，采取行政措施时作为加封标记使用；小封条根据实际需要缩放，抽样检验时作为样品加封标记使用。

《封条》是市场监管部门在实施先行登记保存、查封（扣押）、抽样取证时，对涉案场所、设施、财物等采取证据保全措施或者行政强制措施、抽样检验措施时使用的文书。

（1）文书应用范围

《封条》是市场监管部门在执法过程中，对外使用的法律文书，适用于市场监管部门在查处案件过程中或日常监督检查中，对有关生产、经营和使用单位的财物采取先行登记保存措施或采取行政强制措施以及抽样取证措施时使用。

（2）填写说明

应当注明加贴封条的日期（用汉字标注），并加盖市场监督管理部门公章。

（3）需要注意的相关问题

《封条》必须与《先行登记保存证据通知书》或《实施行政强制措施决定书》《抽样取证记录》等文书配套使用，不能单独使用。

## 53. 授权委托书

# 授 权 委 托 书

一、委托单位（人）：______①______________________

证件名称及号码：______②______________________

法定代表人（负责人）：__________________________

二、被委托人：__________________________________

证件名称及号码：________________________________

联系电话：______________________________________

三、委托事项：关于本单位（本人）______③______________

________________________________________一案（一事）

四、委托权限：（授权委托项在□内打“√”；未授权委托项在□内打“×”）

□1、接受检查、调查、询问。

□2、提交、确认相关证据材料。

□3、确认、签收相关法律文书。

□4、代为行使陈述、申辩权及质证、听证权。

□5、代为放弃陈述、申辩权及质证、听证权。

□6、其他（委托人自行决定）______④______________________

________________________________________________

五、委托时限：（选定在□内打“√”；未选定在□内打“×”）

□自委托之日起至案件终结时止。

□自____年__月__日至____年__月__日。

委托人（法定代表人或者负责人）签名：______⑤______________

（委托单位印章）

⑥____年__月__日

《授权委托书》为当事人或被调查人向市场监管部门提供的委托他人办理案件相关事宜所出具的具有法律效力的证明性文件。

（1）文书应用范围

参照《中华人民共和国民事诉讼法》第五十九条规定，凡是代表当事人或其他被调查人办理案件相关事宜的非法定代表人或非本人，均应持有效授权委托书办理相关涉案事宜。

（2）填写说明

①委托单位（人）应为当事人或其他被调查人的单位名称或姓名（有效主体资格证件上的正式名称）。

②证件名称及号码应为营业执照、登记文件或有效身份证件名称、号码。

③写清涉案事由。

④只在前5项委托权限里选择一项或多项的，涉及的在□内打“✓”，不涉及的在□内打“×”，在第6项的□内打“×”，横线上内容不填。除了涉及前5项里的一项或多项外，还需要注明其他委托权限的，在第6项的□内打“✓”，并在横线上写明具体的委托权限。

⑤签名应为本人亲笔签署。

⑥授权委托书制作的时间。注意委托时间可以早于制作时间，具有追认效力。委托时限在正文第五项进行约定。

（3）需要注意的相关问题

市场监管部门授权执法人员向法院申请强制执行时，也可参照本文书格式及内容进行制作授权委托书。

# 授权委托书

一、委托单位（人）：天津市××区××商店（赵××）

证件名称及号码：营业执照××××××××××××××××××

法定代表人（负责人）：赵××

二、被委托人：蒋××

证件名称及号码：身份证××××××××××××××××××××××××

联系电话：×××××××××

三、委托事项：关于本单位（本人）销售侵犯注册商标专用权的白酒____一案（一事）

四、委托权限：（授权委托项在□内打“√”；未授权委托项在□内打“×”）

☒1. 接受检查、调查、询问。

☒2. 提交、确认相关证据材料。

☒3. 确认、签收相关法律文书。

☑4. 代为行使陈述、申辩权及质证、听证权。

☑5. 代为放弃陈述、申辩权及质证、听证权。

☒6. 其他（委托人自行决定）________

五、委托时限：（选定在□内打“√”；未选定在□内打“×”）

☒ 自委托之日起至案件终结时止。

☑ 自 2018 年 5 月 3 日至 2018 年 5 月 6 日。

委托人（法定代表人或者负责人）签名：赵××

（委托单位印章）

2018 年 5 月 3 日

# 授权委托书

一、委托单位（人）：天津 AA 化肥有限公司

证件名称及号码：××××××××××××××××××

法定代表人（负责人）：武××

二、被委托人：张××

证件名称及号码：××××××××××××××××××

联系电话：×××××××××

三、委托事项：关于本单位（本人）生产以不合格产品冒充合格产品的复合肥料 一案（一事）

四、委托权限：（授权委托项在□内打“√”；未授权委托项在□内打“×”）

☒1. 接受检查、调查、询问。

☒2. 提交、确认相关证据材料。

☒3. 确认、签收相关法律文书。

☑4. 代为行使陈述、申辩权及质证、听证权。

☑5. 代为放弃陈述、申辩权及质证、听证权。

☒6. 其他（委托人自行决定）__________

五、委托时限：（选定在□内打“√”；未选定在□内打“×”）

☒ 自委托之日起至案件结案时止。

☑ 自 2018 年 8 月 7 日至 2018 年 8 月 11 日。

委托人（法定代表人或者负责人）签名：武××

（委托单位印章）

2018 年 8 月 7 日

# 授权委托书

一、委托单位（人）：天津市 ×× 药业有限公司

证件名称及号码：营业执照 ××××××××××××××××××

法定代表人（负责人）：冯 ××

二、被委托人：刘 ××

证件名称及号码：身份证 ××××××××××××××××××

联系电话：____________________

三、委托事项：关于本单位（本人）涉嫌生产劣药 ×××

____________________一案（一事）

四、委托权限：（授权委托项在□内打“√”；未授权委托项在□内打“×”）

☑1. 接受检查、调查、询问。

☑2. 提交、确认相关证据材料。

☑3. 确认、签收相关法律文书。

☑4. 代为行使陈述、申辩权及质证、听证权。

☑5. 代为放弃陈述、申辩权及质证、听证权。

☒6. 其他（委托人自行决定）____________________

五、委托时限：（选定在□内打“√”；未选定在□内打“×”）

☑ 自委托之日起至案件结案时止。

☒ 自____年__月__日至____年__月__日。

委托人（法定代表人或者负责人）签名：冯 ××

（委托单位印章）

2018 年 5 月 10 日

## 54. 行政处罚案件卷宗封面

<table>
<tr><td colspan="4">天津市市场和质量监督管理<br>行政处罚案件卷宗<br>（正卷）</td></tr>
<tr><td>案件名称</td><td colspan="3"></td></tr>
<tr><td>行政机关</td><td colspan="3"></td></tr>
<tr><td>执法机构</td><td colspan="3"></td></tr>
<tr><td>行政处理决定类型</td><td colspan="3">□行政处罚　□不予（免予）处罚<br>□涉嫌犯罪移送司法机关　□移送其他行政机关<br>□销案　□终止调查</td></tr>
<tr><td>立 案 号</td><td colspan="3">津市场监管____立〔____〕____号</td></tr>
<tr><td>立 卷 人</td><td></td><td>本卷页数</td><td>共____页</td></tr>
<tr><td>归档日期</td><td>年　月　日</td><td>保管期限</td><td>□永久；□ 30 年</td></tr>
</table>

| 全宗号 | 目录号 | 案卷号 |
|---|---|---|
| | | |

<table>
<tr><td colspan="4">天津市市场和质量监督管理<br>行政处罚案件卷宗<br>（副卷）</td></tr>
<tr><td>案件名称</td><td colspan="3"></td></tr>
<tr><td>行政机关</td><td colspan="3"></td></tr>
<tr><td>执法机构</td><td colspan="3"></td></tr>
<tr><td>行政处理<br>决定类型</td><td colspan="3">□行政处罚　　□不予（免予）处罚<br>□涉嫌犯罪移送司法机关　　□移送其他行政机关<br>□销案　　□终止调查</td></tr>
<tr><td>立 案 号</td><td colspan="3">津市场监管____立〔____〕____号</td></tr>
<tr><td>立 卷 人</td><td></td><td>本卷页数</td><td>共____页</td></tr>
<tr><td>归档日期</td><td>年　月　日</td><td>保管期限</td><td>□永久；□ 30 年</td></tr>
</table>

| 全宗号 | 目录号 | 案卷号 |
|---|---|---|
| | | |

# 天津市市场和质量监督管理
# 行政处罚案件卷宗
# （简易程序案卷）

| 行政机关 | | | |
|---|---|---|---|
| 执法机构 | | | |
| 结案年份 | ______年 | | |
| 立 卷 人 | | 本卷页数 | 共____页 |
| 归档日期 | 年 月 日 | 保管期限 | □永久；□30年 |

| 全宗号 | 目录号 | 案卷号 |
|---|---|---|
| | | |

《行政处罚案件卷宗》是市场监管部门在行政处罚案件结案后将案件材料立卷时所做的案卷封皮。

（1）文书应用范围

《行政处罚案件卷宗》适用于市场监管部门行政处罚案件。根据程序规定第九十三条：办案人员应当自结案之日起30日将案件办理过程中形成的材料按照档案管理的有关规定立卷。一般程序案件自结案之日起三十日内立卷，应当一案一卷，分为正副卷；简易程序案件按年度合案一卷。

（2）填写说明

①“案件名称”一般由“当事人姓名或名称+构成的违法行为的概述+案”构成，注意案件名称中不要加“涉嫌”。

②“行政机关”应填写办案的市场监管机关正式名称。

③“执法机构”填写办案机关内部具体负责承办案件的执法机构。

④“行政处理决定类型”根据实际情况对行政处理类型进行勾选。

⑤“立案号”按照《立案审批表》的文号填写。

⑥“保管期限”：重要的案件为永久，一般的案件为30年。

⑦“全宗号、目录号、案卷号”由档案管理机构根据具体情况填写。

（3）需要注意的相关问题

一般程序案件每案分为正副卷，简易程序案件由执法机构按年份立卷。

# 天津市市场和质量监督管理
# 行政处罚案件卷宗
# （正卷）

| 案件名称 | 天津市 ×× 区 ×× 商店（赵 ××）销售侵犯注册商标专用权的白酒案 | | |
|---|---|---|---|
| 行政机关 | 天津市 ×× 区市场和质量监督管理局 | | |
| 执法机构 | 天津市 ×× 区 ×× 市场和质量监督管理所 | | |
| 行政处理决定类型 | ☑ 行政处罚　☒ 不予（免予）处罚<br>☒ 涉嫌犯罪移送司法机关　☒ 移送其他行政机关<br>☒ 销案　☒ 终止调查 | | |
| 立 案 号 | 津市场监管 × 立〔2018〕21 号 | | |
| 立 卷 人 | 李 ×× | 本卷页数 | 共 47 页 |
| 归档日期 | 2018 年 5 月 18 日 | 保管期限 | ☑ 永久；☒30 年 |

| 全宗号 | 目录号 | 案卷号 |
|---|---|---|
| | | |

<table>
<tr><td colspan="4">天津市市场和质量监督管理<br>行政处罚案件卷宗<br>（副卷）</td></tr>
<tr><td>案件名称</td><td colspan="3">天津市××区××商店（赵××）销售侵犯注册商标专用权的白酒案</td></tr>
<tr><td>行政机关</td><td colspan="3">天津市××区市场和质量监督管理局</td></tr>
<tr><td>执法机构</td><td colspan="3">天津市××区××市场和质量监督管理所</td></tr>
<tr><td>行政处理决定类型</td><td colspan="3">☑行政处罚　☒不予（免予）处罚<br>☒涉嫌犯罪移送司法机关　☒移送其他行政机关<br>☒销案　☒终止调查</td></tr>
<tr><td>立案号</td><td colspan="3">津市场监管__×__立〔__2018__〕__21__号</td></tr>
<tr><td>立卷人</td><td>李××</td><td>本卷页数</td><td>共__24__页</td></tr>
<tr><td>归档日期</td><td>2018年5月18日</td><td>保管期限</td><td>☑永久；☒30年</td></tr>
</table>

| 全宗号 | 目录号 | 案卷号 |
|---|---|---|
| | | |

# 天津市市场和质量监督管理
# 行政处罚案件卷宗
# （简易程序案卷）

| 行政机关 | 天津市 ×× 区市场和质量监督管理局 | | |
|---|---|---|---|
| 执法机构 | 天津市 ×× 区 ×× 市场和质量监督管理所 | | |
| 结案年份 | 2018 年 | | |
| 立 卷 人 | 刘 ×× | 本卷页数 | 共 30 页 |
| 归档日期 | 2019 年 1 月 5 日 | 保管期限 | ☒永久；☑30 年 |

| 全宗号 | 目录号 | 案卷号 |
|---|---|---|
| | | |

## 55. 卷内文件目录

# 卷 内 文 件 目 录

| 序号 | 文号 | 文件名称 | 页号 | 备注 |
|---|---|---|---|---|
| ① | ② | ③ | ④ | ⑤ |
| | | | | |
| | | | | |
| | | | | |
| | | | | |
| | | | | |
| | | | | |
| | | | | |
| | | | | |
| | | | | |
| | | | | |
| | | | | |
| | | | | |
| | | | | |
| | | | | |
| | | | | |
| | | | | |

《卷内文件目录》是市场监管部门处理案件完毕后将案件材料装订成卷时所作的有关案卷内材料顺序的提示性文书。

（1）文书应用范围

《卷内文件目录》适用于市场监管部门行政处罚案件。

（2）填写说明

①填入序号，应当按照卷内文件的顺序逐一写明，使用阿拉伯数字填写。

②填入文号。没有文号的，如市场监管部门办案过程中的内部审批文件一般未编号，则不填写。

③填具体文件的名称。

④是指该份文件在整个案卷中的起止页码。

⑤填入需要说明的其他事项。

（3）需要注意的相关问题

1）一般程序案件正、副卷和简易程序案件卷宗中均应有各自的《卷内文件目录》。

2）对于证据应当分项、分类依次填写在目录中，不要笼统列为“证据”一项。

## 56. 备考表

# 备　考　表

<table>
<tr><td>卷内材料情况说明：<br>①</td></tr>
<tr><td>立卷人签名：____②____<br><br>检查人签名：____③____<br><br>归档日期：____年__月__日</td></tr>
</table>

《备考表》是市场监管部门处理案件完毕后将案件材料装订成卷时所作的有关卷内材料事项的说明性文书。

（1）文书应用范围

凡市场监管部门行政案卷均需要配此表置于卷尾。

（2）填写说明

①有文书缺失、破损等特殊情况，应在案卷材料情况说明栏中予以记录、说明。

②立卷人、归档日期栏注意与卷宗填写一致。

③检查人一般为办案机构负责人或办案机构指定的专门人员。

# 附录　天津市市场和质量监督管理行政处罚程序规定

## 天津市市场和质量监督管理行政处罚程序规定

### 第一章　总　则

**第一条**　为规范市场和质量监督管理行政处罚程序，保护公民、法人或者非法人组织的合法权益，根据《中华人民共和国行政处罚法》《中华人民共和国行政强制法》《天津市市场和质量监督管理若干规定》等法律、法规的规定，结合本市实际，制定本规定。

**第二条**　本市各级市场和质量监督管理部门（以下简称市场监管部门）实施行政处罚及其相关的行政执法活动，适用本规定。

法律、法规另有规定的，从其规定。

**第三条**　实施行政处罚，应当做到事实清楚，证据确凿，程序合法，法律适用准确，处罚合理，执法文书使用规范。

**第四条**　市场监管部门实施行政处罚，应当依法责令当事人改正或者限期改正违法行为。

责令限期改正的期限按照法律、法规、规章或者技术规范的规定执行。法律、法规、规章或者技术规范没有规定的，改正期限一般不超过三十日；确有必要超过三十日的，应当根据案件实际情况确定，并报市场监管部门负责人批准。

对已有证据证明违反市场监督管理法律法规的违法行为，应当在发现违法行为或调查违法事实时，责令当事人改正或限期改正违法行为。

**第五条**　市场监管部门办理行政处罚案件实行回避制度。执法人员有下列情形之一的，应当申请回避；当事人也有权申请其回避：

（一）是本案的当事人；

（二）是本案当事人的近亲属；

（三）与本案有直接利害关系。

前款规定的回避由市场监管部门负责人决定；市场监管部门负责人的回避应当由主要负责人决定，主要负责人的回避应当由其他负责人集体研究决定。

回避决定作出前，执法人员不得擅自停止对案件的处理。

**第六条** 市市场监管部门应当加强对区市场监管部门实施行政处罚行为的指导和监督，可以对区市场监管部门办理的行政处罚案件进行督办。

市场监管部门业务主管机构应当加强对办案机构办理行政处罚案件的业务指导，及时回复办案机构提出的案件定性等涉及业务知识的请示、咨询。

## 第二章 管 辖

**第七条** 行政处罚由违法行为发生地的市场监管部门按照各自职责权限管辖。法律、法规另有规定的除外。

**第八条** 市市场监管部门依职权管辖发生在本市的违反市场和质量监督管理法律、法规、规章的重大、复杂行政处罚案件。

区市场监管部门依职权管辖发生在本行政区域的违反市场和质量监督管理法律、法规、规章的行政处罚案件。

**第九条** 天津市市场和质量监督稽查总队以市市场监管部门名义查办行政处罚案件，但法律、法规授权以自己名义作出行政处罚的除外。

天津市纺织纤维检验所依据法律、法规的授权，以自己名义查办行政处罚案件。

**第十条** 区市场和质量监督稽查大队以区市场监管部门名义查办行政处罚案件。

市场和质量监督管理所在区市场监管部门赋予的权限范围内以区市场监管部门名义查办行政处罚案件，但法律、法规授权以自己名义作出行政处罚的除外。

**第十一条** 依法吊销许可证、营业执照的，由核发证、照的市场监管部门决定。

**第十二条** 对利用广播、电影、电视、报纸、期刊、互联网等媒介发布违法广告的行为实施行政处罚，由广告发布者所在地市场监管部门管辖。广告发布者所在地市场监管部门管辖异地广告主、广告经营者有困难的，可以将广告主、广告经营者的违法情况移交广告主、广告经营者所在地市场监管部门处理。

对广告主自行发布的互联网违法广告实施行政处罚，由广告主所在地市场监管部门管辖。

对于互联网广告违法行为，广告主所在地、广告经营者所在地市场监管部门先行发现违法线索或者收到投诉、举报的，也可以进行管辖。

**第十三条** 对当事人的同一违法行为，两个以上市场监管部门都有管辖权的，由最先立案的市场监管部门管辖。

**第十四条** 两个以上市场监管部门因管辖权发生争议的，应当协商解决；协商不成的，报请共同上一级市场监管部门指定管辖。

**第十五条** 有管辖权的区市场监管部门由于特殊原因不能行使管辖权的，可以报请市市场监管部门管辖或者指定管辖。

**第十六条** 市场监管部门发现所查处的案件不属于本部门管辖时，应当将案件移送有管辖权的市场监管部门。受移送的市场监管部门对管辖有异议的，应当报请共同上一级市场监管部门指定管辖，不得再自行移送。

**第十七条**　报请上一级市场监管部门指定管辖权的，上一级市场监管部门应当在收到材料之日起七个工作日内确定案件的管辖机关。

**第十八条**　上级市场监管部门认为有必要时，可以直接办理下级市场监管部门管辖的行政处罚案件。

**第十九条**　市场监管部门发现办理的案件属于其他行政机关管辖的，应当依法移送其他有关机关。

市场监管部门在查处违法行为过程中，发现违法行为涉嫌犯罪的，必须依照有关规定及时向司法机关移送。

**第二十条**　收到其他市场监管部门协助调查函的，应在收到协助调查函之日起十五个工作日内完成相关工作；需要延期或者无法协查的，应当及时告知提出协查请求的部门。

# 第三章　行政处罚的一般程序

## 第一节　立　案

**第二十一条**　市场监管部门根据监督检查职权，或者通过投诉、举报、其他机关移送、上级机关交办以及其他途径发现违法行为线索，应当自发现违法行为线索之日起七个工作日内予以核查，并决定是否立案；特殊情况下，可以延长至十五个工作日内决定是否立案。

检验、检测、检定、鉴定、协查等所需时间，不计入前款规定期限。

**第二十二条**　立案应当符合下列条件：

（一）有违法嫌疑人；

（二）有涉嫌违法的行为；

（三）对涉嫌违法的行为，法律、法规、规章设定了行政处罚；

（四）认为属于本部门管辖。

**第二十三条**　符合立案条件的，应当填写《立案审批表》，由市场监管部门负责人批准，办案机构指定两名以上办案人员负责调查处理。

**第二十四条**　对投诉、举报涉及的违法行为线索不予立案的，办案机构应当自市场监管部门负责人批准不予立案之日起十个工作日内，将结果告知具名的投诉人、举报人，并说明不予立案的理由。不予立案及告知的相关情况应当作书面记录留存。

## 第二节　调查取证

**第二十五条**　立案后，办案人员应当及时进行调查，收集、调取证据，并可以依照法律、法规的规定进行检查。

首次向案件当事人收集、调取证据的，应当告知其有申请办案人员回避的权利。

办案过程中涉及国家秘密、商业秘密和个人隐私的，办案人员应当保守秘密。

**第二十六条** 办案人员调查案件，不得少于两人。办案人员调查取证时，应向当事人或者有关人员出示行政执法证件。

**第二十七条** 需要委托其他行政机关调查的，应向受委托单位出具协助调查函。

**第二十八条** 调查取证的案件事实主要包括：

（一）当事人的基本情况；

（二）违法行为是否存在；

（三）违法行为是否为案件当事人实施；

（四）实施违法行为的时间、地点、方式、后果及其他情形；

（五）当事人有无法定从重、从轻、减轻以及不予处罚的情形；

（六）与案件有直接关联的其他必要事实。

**第二十九条** 办案人员应当依法收集与案件有关的证据。证据包括以下几种：

（一）书证；

（二）物证；

（三）视听资料；

（四）电子数据；

（五）证人证言；

（六）当事人陈述；

（七）检验、检测、检定结果或者鉴定意见；

（八）现场笔录。

上述证据，应当符合法律、法规、规章等关于证据的规定，并经查证属实，才能作为认定事实的依据。

立案前取得的证据，适用前款规定。

**第三十条** 办案人员可以询问当事人及证明人。询问应当个别进行，制作笔录，并交被询问人核对；对阅读有困难的，应当向其宣读。经核对无误后，由被询问人在笔录上逐页签名或者以其他方式确认。办案人员亦应当在笔录上签名。

**第三十一条** 办案人员可以要求当事人及证明人提供证明材料或者与违法行为有关的其他材料，并由材料提供人在有关材料上签名或者以其他方式确认。

办案人员发现涉嫌假冒或侵权产品（商品）的，可以交由被假冒或侵权的企业、权利人进行鉴别。经市场监管部门查证后，可以将企业、权利人出具的鉴别证明材料作为认定案件事实的证据。

出具证明材料的企业、权利人对其证明内容负责，并依法承担相应的法律责任。

**第三十二条** 办案人员应当收集与案件有关的原始证明材料作为证据。收集原始证明材料有困难的，可以提取复制件、影印件或者抄录本，由证据提供人标明“与原件一致”或“经核对与原件无误”等确认意见。

收集、提取的证据应当注明出证日期、证据出处，并由办案人员、证据提供人签名或者以其他方式确认。

**第三十三条** 从中华人民共和国领域外取得的证据，应当说明来源，经所在国公证机关证明，并经中华人民共和国驻该国使领馆认证，或者履行中华人民共和国与证据所在国订立的有关条约中规定的证明手续。

境外证据所包含的语言、文字应当提供经具有翻译资质的机构翻译的或者其他翻译准确的中文译文。

在中华人民共和国香港特别行政区、澳门特别行政区和台湾地区取得的证据，应当具有按照有关规定办理的证明手续。

**第三十四条**　对于视听资料、电子数据，办案人员应当收集原始载体。收集原始载体有困难的，可以收集复制件，并注明制作方法、制作时间、制作人等情况。声音资料应当附有该声音内容的文字记录。

对于电子数据被删除、篡改或者因内容复杂等情形，办案人员自行收集有困难的，市场监管部门可以书面委托具有资质的第三方鉴定机构进行检验分析，并由其出具书面意见。

**第三十五条**　对有违法嫌疑的物品或者场所进行检查，应当通知当事人到场。找不到当事人或者当事人拒不到场的，不影响检查的进行，办案人员应当在笔录中载明情况。现场笔录应当由办案人员、当事人或者见证人逐页签名或者以其他方式确认。

现场笔录应当如实记录检查情况；涉及清点涉案财物的，清点情况一并记入现场笔录。

办案人员可以采取拍照、录像等方式记录现场情况。当事人或者见证人不到场的，办案人员应当采取拍照、录像等方式记录现场情况。

**第三十六条**　市场监管部门抽样取证时，应当有当事人在场，办案人员应当制作抽样记录，对样品加贴封条，由办案人员和当事人在封条和相关记录上签名或者以其他方式确认。

法律、法规、规章或者国家有关规定对抽样机构或者方式有规定的，市场监管部门应当委托相关机构或者按规定方式抽取样品。

**第三十七条**　需要对案件中专门事项进行检验、检测、检定或者鉴定的，市场监管部门应当出具载明委托事项及相关材料的委托鉴定书，委托具有法定资质的机构进行。

检验、检测、检定或者鉴定结论应有检验、检测、检定或者鉴定人员签名，加盖检验、检测、检定或者鉴定机构公章。检验、检测、检定或者鉴定结论应当告知当事人。法律、法规、规章对复检有规定的，应当同时告知当事人复检的权利。

**第三十八条**　在证据可能灭失或者以后难以取得的情况下，可以对与涉嫌违法行为有关的证据采取先行登记保存措施。

采取先行登记保存措施或者解除先行登记保存措施，应当经市场监管部门负责人批准。

情况紧急，需要当场采取先行登记保存措施的，办案人员应当在二十四小时内向市场监管部门负责人报告，并补办批准手续。市场监管部门负责人认为不应当采取先行登记保存措施的，应当立即解除。

**第三十九条**　先行登记保存有关证据，应当当场清点，开具清单，由当事人和办案人员签名或者以其他方式确认，交当事人一份，并当场交付先行登记保存证据通知书。先行登记保存的证据应当加贴封条。

先行登记保存期间，当事人或者有关人员不得损毁、销毁或者转移证据。

**第四十条** 对于先行登记保存的证据，应当在七日内采取以下措施：

（一）根据情况及时采取记录、复制、拍照、录像等证据保全措施；

（二）需要检验、检测、检定或者鉴定的，及时送交有关部门检验、检测、检定或者鉴定；

（三）违法事实成立，应当予以没收的，作出行政处罚决定，没收违法物品；

（四）依据有关法律、法规规定可以查封、扣押（包括封存、扣留，下同）的，决定查封、扣押；

（五）违法事实不成立，或者违法事实成立但依法不应当予以查封、扣押或者没收的，决定解除先行登记保存措施。

逾期未作出处理决定的，先行登记保存措施自动解除。

**第四十一条** 经市场监管部门负责人批准，办案人员可以依据法律、法规的规定采取查封、扣押等行政强制措施。

**第四十二条** 情况紧急，需要当场采取查封、扣押等行政强制措施的，办案人员应当在二十四小时内向市场监管部门负责人报告，并补办批准手续。市场监管部门负责人认为不应当采取行政强制措施的，应当立即解除。

**第四十三条** 查封、扣押的期限不得超过三十日；情况复杂，经市场监管部门负责人批准，可以延长，但延长的期限不得超过三十日。法律、行政法规另有规定的除外。

检验、检测、检疫或者鉴定期间不计入查封、扣押期限。检验、检测、检疫或者鉴定的期间应当明确，并书面告知当事人。

**第四十四条** 查封、扣押当事人的财物，应当当场清点，开具清单，由当事人和办案人员签名或者以其他方式确认，并当场交付查封、扣押决定书。

**第四十五条** 扣押当事人托运的物品，应当制作协助扣押通知书，通知有关运输部门协助办理，并书面通知当事人。

**第四十六条** 对当事人家存或者寄存的涉嫌违法物品，需要扣押的，责令当事人取出；当事人拒绝取出的，应当会同当地有关部门将其取出，并办理扣押手续。

**第四十七条** 查封、扣押的财物应当妥善保管，严禁使用、调换或者损毁。

对容易腐烂、变质的物品，法律、法规规定可以直接先行处理的，或者当事人同意先行处理的，经市场监管部门负责人批准，在采取相关措施留存证据后可以先行处理，并做好先行处理情况记录。

**第四十八条** 依法解除查封、扣押的，应当经市场监管部门负责人批准，送达解除查封、扣押决定书，并由办案人员、当事人在财物清单上签名或者以其他方式确认。

**第四十九条** 必须对自然人的人身或者住所进行检查的，应当依法提请公安机关执行，市场监管部门予以配合。

**第五十条**　办案人员在调查取证过程中，当事人拒绝到场，拒绝在笔录或者其他材料上签名或者以其他方式确认，或者无法找到当事人的，办案人员应当在笔录或其他材料上注明原因，并邀请第三方人员作为见证人签字或者以其他方式确认，也可以采取录音、录像等方式记录。

**第五十一条**　询问笔录、现场笔录以及其他现场填写的文书如有差错、遗漏，可以予以更正或者补充。更正或者补充部分应当由被询问人、被调查人签名或者以其他方式确认。

**第五十二条**　有下列情形之一的，可以中止案件调查：

（一）因不可抗力致使案件暂时无法调查的；

（二）当事人下落不明致使案件暂时无法调查的；

（三）当事人丧失行为能力尚未确定法定代理人，致使案件暂时无法调查的；

（四）涉及法律适用问题，需要有权机关作出解释的；

（五）须以相关诉讼案件的审理结果为依据，而相关案件尚未审结的；

（六）需要公安机关、检察机关、其他行政机关的决定或者结论作为前提，但尚无定论的；

（七）需要中止调查的其他情形。

案件中止调查的情形消除后，应当及时恢复调查。

中止案件调查或者中止后恢复调查，应当报市场监管部门负责人批准。

**第五十三条**　因涉嫌违法的自然人死亡或者法人、非法人组织终止，并且无权利义务承受人等原因，致使调查无法继续进行的，可以由市场监督部门负责人决定终止调查并结案。

**第五十四条**　案件调查终结，办案机构应当写出调查终结报告，提出下列处理建议，连同案件材料报送法制（执法监督）机构初审：

（一）认为违法事实成立，应当予以行政处罚的，提出行政处罚建议；

（二）认为违法事实不成立或者超出行政处罚追责时效的，提出销案建议；

（三）认为依法不予行政处罚或者免予行政处罚的，提出不予行政处罚或者免予行政处罚的建议；

（四）认为不属于本部门管辖的，提出移送其他行政机关的建议；

（五）认为涉嫌犯罪的，提出移送司法机关的建议；

（六）认为需要终止调查的，提出终止调查的建议。

调查终结报告应当包括当事人的基本情况、调查的事实、相关证据及其证明事项、案件性质、自由裁量理由、处理依据、处理建议等。

## 第三节　审　核

**第五十五条**　法制（执法监督）机构应当自接到案件材料后五个工作日内，完成对案件的初审工作。

初审内容主要包括：

（一）是否具有管辖权；

（二）当事人的基本情况是否清楚；

（三）案件事实是否清楚、证据是否充分；

（四）定性是否准确；

（五）适用依据是否正确；

（六）处理建议是否适当；

（七）程序是否合法；

（八）文书是否规范；

（九）是否涉嫌犯罪需要移送司法机关。

**第五十六条** 法制（执法监督）机构经过对案件材料进行初审，提出以下书面意见和建议：

（一）对事实清楚、证据确凿、定性准确、适用依据正确、处理适当、程序合法、文书规范的，同意办案机构意见；

（二）对事实不清、证据不足的，建议办案机构补正；

（三）对定性不准、适用依据错误、处理不当的，建议办案机构修改；

（四）对程序不合法、文书不规范的，建议办案机构纠正；

（五）对不属于本部门管辖的，建议移送其他行政机关；

（六）对涉嫌犯罪的，建议移送司法机关。

**第五十七条** 经法制（执法监督）机构初审，办案机构应当将初审意见连同案卷材料报案件审理委员会集体审理。

市场监管部门应当设立案件审理委员会，其中主任委员一名，副主任委员、委员若干名。主任委员由市场监管部门主要负责人担任，副主任委员由市场监管部门有关负责人担任，委员由市场监管部门有关内设机构、直属单位负责人担任。

**第五十八条** 案件审理委员会审理案件实行会议制度，由主任委员或者副主任委员主持，法制（执法监督）机构负责人、案件涉及的业务主管机构负责人参加，并根据案件情况确定其他参会人员。对拟作出责令停产停业、吊销证照、较大数额罚款等处理决定的，由应参会人员的三分之二以上进行集体审理。其他案件，由副主任委员、法制（执法监督）机构负责人、案件涉及的业务主管机构负责人进行集体审理。

案件审理委员会对案件集体审理应当有书面记录，经参加会议的委员签字确认，存入行政处罚案卷。具备条件的可以同时采集录音、录像等视听资料，作为文字记录的辅助材料存入案卷。

**第五十九条** 区市场监管部门应当依据本规定，制定本部门的案件审理委员会工作规则，自制发之日起七日内报市市场监管部门执法监督机构备案。

**第六十条** 经案件审理委员会集体审理，拟给予行政处罚的，办案机构应当制作并向当事人送达行政处罚事先告知书，告知当事人拟作出行政处罚的事实、理由、依据、处罚内容，并告知当事人依法享有陈述、申辩权；拟给予的行政处罚属于听证范围的，应当一并告知当事人有要求举行听证的权利。

自行政处罚事先告知书送达之日起三个工作日内，当事人未行使陈述、申辩权以及未提出听证申请的，视为放弃此权利。

**第六十一条**　当事人陈述、申辩、申请听证的，市场监管部门应当充分听取当事人的意见。对当事人提出的事实、理由和证据，办案机构应当进行复核。当事人提出的事实、理由或者证据成立的，应当予以采纳。不得因当事人陈述、申辩、申请听证而加重行政处罚。

经复核，拟改变原认定的违法事实、理由、依据或者处罚内容的，办案机构应当报案件审理委员会集体审理后重新履行行政处罚告知程序。

## 第四节　听证程序

**第六十二条**　市场监管部门拟作出的行政处罚有下列情形之一的，应当在行政处罚事先告知书中一并告知当事人有要求举行听证的权利：

（一）责令停产停业；

（二）吊销、收缴、扣缴许可证、营业执照或者批准文件；

（三）对公民处以三千元、对法人或者非法人组织处以三万元以上罚款；

（四）对公民、法人或者非法人组织没收违法所得和非法财物达到第（三）项所列数额。

**第六十三条**　当事人依法提出听证申请的，市场监管部门应当受理，由法制（执法监督）机构具体组织听证。

听证应当公开举行。涉及国家秘密、商业秘密或者个人隐私的，听证不公开举行。

**第六十四条**　市场监管部门应当在收到当事人的听证申请之日起三个工作日内指定听证主持人。听证主持人可以由一至三人担任，二人以上共同主持听证的，应当由其中一人为首席听证主持人。办案人员不得担任听证主持人和听证记录员。

听证主持人在听证活动中行使下列职责：

（一）指定听证记录员；

（二）决定举行听证的时间、地点；

（三）主持听证，并可以就案件的事实、证据、处罚依据等相关内容进行询问；

（四）维持听证秩序，对违反听证纪律的行为进行警告或者采取必要的措施予以制止；

（五）决定听证的延期、中止或者终止，宣布结束听证；

（六）本规定赋予的其他职责。

**第六十五条**　提出听证申请的公民、法人或者非法人组织是听证的当事人。

与听证案件有利害关系的其他公民、法人或者非法人组织，可以作为第三人向听证主持人申请参加听证，或者由听证主持人通知其参加听证。

当事人、第三人可以委托一至二名代理人代为参加听证。委托他人代为参加听证的，应当向市场监管部门提交由委托人签名或者盖章的授权委托书以及委托代理人的身份证明文件。授权委托书应当载明委托事项及权限。委托代理人代为放弃行使陈述权、申辩权和质证权的，必须有委托人的明确授权。

听证主持人有权决定与听证案件有关的证人、鉴定人、勘验人等听证参加人到场参加听证。

**第六十六条** 市场监管部门应当按照下列要求组织听证：

（一）办案机构应当自指定听证主持人之日起三日内，将案卷移送听证主持人；

（二）听证主持人应当自接到移送的案卷之日起五日内确定听证的时间、地点，并应当于举行听证七日前通知当事人、第三人和办案机构，并将案卷退回给办案机构；

（三）公开举行听证的，应当在举行听证前公告当事人姓名或者名称、案由以及举行听证的时间、地点。

**第六十七条** 听证按下列顺序进行：

（一）听证开始前，记录员应当查明听证参加人是否到场，宣布听证纪律，并向听证主持人报告听证准备就绪；

（二）听证主持人核对听证参加人，宣布案由，宣布听证主持人、记录员名单，询问当事人是否提出回避申请；

（三）由办案人员提出当事人违法的事实、证据、依据以及行政处罚建议；

（四）当事人及其委托代理人进行陈述和申辩；

（五）第三人及其委托代理人进行陈述；

（六）互相辩论；

（七）听证主持人按照第三人、办案人员、当事人的先后顺序征询各方最后意见。

当事人可以当场提出证明自己主张的证据，听证主持人应当接收。

当事人和办案人员经听证主持人允许，可以就有关证据进行质证，也可以向到场的证人、鉴定人、勘验人发问。

对违反听证纪律的，听证主持人有权予以制止；情节严重的，责令其退场。

**第六十八条** 有下列情形之一的，可以延期举行听证：

（一）当事人因不可抗拒的事由无法到场的；

（二）应当延期的其他情形。

有下列情形之一的，可以中止听证：

（一）需要通知新的证人到场或者需要重新鉴定、勘验的；

（二）当事人因不可抗拒的事由，无法继续参加听证的；

（三）当事人死亡或者解散，需要确定相关权利义务继承人的；

（四）当事人提出回避申请的；

（五）应当中止听证的其他情形。

有下列情形之一的，可以终止听证：

（一）当事人撤回听证申请的；

（二）当事人无正当理由拒不到场参加听证的；

（三）当事人未经听证主持人允许中途退场的；

（四）应当终止听证的其他情形。

延期、中止听证的情形消失后，由听证主持人决定恢复听证的时间、地点。

听证主持人决定听证延期、中止或者终止以及恢复听证的，应当通知当事人、第三人和办案机构。

**第六十九条**　记录员应当将听证的有关情况记入听证笔录。听证笔录应当经听证参加人审核无误或者补正后，由听证参加人当场签名或者盖章；拒绝签名或者盖章的，在听证笔录中予以载明。

听证结束后，听证主持人应当在五个工作日内撰写出听证报告并签名，连同听证笔录一并上报市场监管部门负责人。

## 第五节　决　定

**第七十条**　行政处罚告知后，当事人未要求陈述、申辩、听证，或者对当事人提出的陈述、申辩、听证意见不予采纳的，办案机构应当报市场监管部门负责人批准，制作行政处罚决定书，送达当事人。

**第七十一条**　行政处罚决定书的内容包括：

（一）当事人的姓名或者名称、住所（经营场所）或者住址等基本情况；

（二）违反法律、法规或者规章的事实和证据；

（三）对当事人陈述、申辩或者听证意见的采纳情况及理由；

（四）从轻、减轻、从重处罚的理由；

（五）行政处罚依据和内容；

（六）行政处罚的履行方式和期限；

（七）不服行政处罚决定，申请行政复议或者提起行政诉讼的途径和期限；

（八）作出行政处罚决定的市场监管部门的名称和作出决定的日期；

（九）依法应当载明的其他内容。

行政处罚决定书应当加盖作出行政处罚决定的市场监管部门的印章。

涉及罚没款的，应当附市财政部门制发的罚没款统一缴款通知书；涉及没收物品的，应当附市财政部门制发的没收物品统一收据。

**第七十二条**　市场监管部门作出不予（免予）行政处罚决定的，应当制作不予（免予）行政处罚决定书，载明违法事实和证据、不予（免予）行政处罚的理由和依据，并送达当事人。

**第七十三条**　适用一般程序处理的案件应当自立案之日起九十日内作出处理决定；案情复杂，不能在规定期限内作出处理决定的，经市场监管部门负责人批准，可以延长三十日；案情特别复杂，经延期仍不能作出处理决定的，是否继续延期应当由本部门案件审理委员会集体讨论决定。

案件处理过程中听证、公告、检验、检测、检定、鉴定、协查、中止等时间，不计入前款所指的案件办理期限。

**第七十四条**　市场监管部门对投诉、举报所涉及的违法嫌疑人作出行政处罚、不予（免予）行政处罚、销案、移送其他行政机关、移送司法机关、终止调查等处理决定的，应当自作出处理决定之日起十个工作日内将处理结果告知具名的投诉人、举报人。

案件处理结果依法应当公示的，依照有关规定予以公示。

**第七十五条** 已作出行政处罚决定的案件，涉嫌犯罪的，不免除刑事责任，市场监管部门应当依照有关规定及时移送司法机关。

## 第四章 行政处罚的简易程序

**第七十六条** 违法事实确凿并有法定依据，对公民处以五十元以下、对法人或者非法人组织处以一千元以下罚款或者警告的行政处罚的，可以当场作出处罚决定。

**第七十七条** 适用简易程序当场查处违法行为，办案人员应当当场调查违法事实，收集必要的物证、书证、当事人陈述、现场笔录等证据，填写预定格式、编有号码的当场行政处罚决定书并送达当事人，由当事人和办案人员签名或者以其他方式确认。

当场行政处罚决定书应当载明当事人的基本情况、违法行为、行政处罚依据、处罚种类、罚款数额、时间、地点、救济途径、行政机关名称，加盖行政机关印章。

**第七十八条** 办案人员在行政处罚决定作出前，应当告知当事人作出行政处罚决定的事实、理由、依据和处罚内容，并告知当事人有权进行陈述和申辩。当事人进行陈述、申辩的，办案人员应当记入笔录。

**第七十九条** 适用简易程序查处的案件，办案人员应当自当场行政处罚决定作出后二个工作日内向市场监管部门法制（执法监督）机构备案。

## 第五章 期间、送达

**第八十条** 期间以时、日、月计算，期间开始之时或者日不计算在内。期间不包括在途时间，期间届满的最后一日为法定节、假日的，以节、假日后的第一日为期间届满的日期。

**第八十一条** 市场监管部门送达行政处罚决定书，应当在宣告后当场交付当事人；当事人不在场的，应当在七日内按照下条的规定送达。

**第八十二条** 市场监管部门送达执法文书，应当按下列方式送达：

（一）直接送达受送达人的，由受送达人注明收到日期，并签名或者以其他方式确认，受送达人的签收日期为送达日期。

（二）直接送达有困难的，可以邮寄送达或者委托当地市场监管部门、有关基层组织代为送达。邮寄送达的，以回执上注明的收件日期为送达日期；委托送达的，受送达人的签收日期为送达日期。

（三）受送达人拒绝接受执法文书的，送达人可以邀请第三方见证人到场，说明情况，在送达回证上载明拒收事由和日期，由送达人、见证人签名或者以其他方式确认，把执法文书留在受送达人的住所；也可以把执法文书留在受送达人的住所，并采用拍照、录像等方式记录送达过程，即视为送达。

（四）经受送达人同意，可以采用传真、电子邮件等能够确认其收悉的方式送达除责令改正通知书、行政处罚决定书、不予（免予）行政处罚决定书、实施行政强制措施决定书等行政执法决定类文书以外的执法文书，并通过录音、短信、截屏、截图、拍照、录像等方式予以记录，传真件上应注明传真时间和受送达人的传真号码，以传真、电子邮件等到达受送达人特定系统的日期为送达日期。

（五）受送达人下落不明，或者采取上述方式无法送达的，公告送达。公告送达，可以在市场监管部门公告栏和受送达人住所地张贴公告，也可以通过报纸、电视或者市场监管部门对外网站等刊登公告。自公告发布之日起经过六十日，即视为送达。公告送达，应当在案卷中载明原因和经过。

在市场监管部门公告栏和受送达人住所地张贴公告的，应当采取拍照、录像等方式记录张贴过程。

## 第六章　行政处罚的执行

**第八十三条**　市场监管部门对当事人作出罚款、没收违法所得处罚的，应当由当事人自收到处罚决定书之日起十五日内，到指定银行缴纳罚没款。有下列情形之一的，可以由办案人员当场收缴罚款：

（一）当场处以二十元以下罚款的；

（二）对公民处以二十元以上五十元以下、对法人或者非法人组织处以一千元以下罚款，不当场收缴事后难以执行的；

（三）在边远、水上、交通不便地区以及其他原因，当事人向指定银行缴纳罚款确有困难，经当事人提出的。

办案人员当场收缴罚款的，应当出具市财政部门制发的统一收据。

**第八十四条**　办案人员当场收缴的罚款，应当自收缴罚款之日起二日内，交至其所在市场监管部门，市场监管部门应当在二日内将罚款缴付指定银行。

**第八十五条**　当事人逾期不履行行政处罚决定的，作出行政处罚决定的市场监管部门可以采取下列措施：

（一）到期不缴纳罚款的，每日按罚款数额的百分之三加处罚款；加处罚款的数额不得超出金钱给付义务的数额。

（二）根据法律规定，将查封、扣押的财物拍卖抵缴罚款；

（三）依法申请人民法院强制执行。

**第八十六条**　当事人确有经济困难，需要延期或者分期缴纳罚款的，应当提出书面申请。经市场监管部门负责人批准后，由办案机构以市场监管部门的名义，书面告知当事人延期或者分期的期限。

延期或者分期缴纳罚款的期限不得超出法定申请强制执行期限。

**第八十七条**　市场监管部门应当建立健全罚没物资的管理、处理制度，具体办法由市市场监管部门依照国家有关规定制定。

**第八十八条**　罚没款及没收物品的变价款，必须全部上缴财政，任何单位和个人不得截留、私分或者变相私分。

**第八十九条** 对依法解除行政强制措施，需返还当事人财物的，市场监管部门应当通知当事人在三个月内领取；当事人下落不明或者无法确定涉案物品所有人的，应当采取公告方式通知当事人自公告之日起六个月内认领财物。通知或者公告认领的期限届满后，无人认领的，市场监管部门可以按照有关规定将涉案物品上缴或者采取拍卖、变卖等方式处理，所得款项上缴国库。

**第九十条** 有以下情形之一的，经市场监管部门负责人批准，可以中止行政处罚决定的执行：

（一）行政复议或者行政诉讼期间，依法需要中止执行的；

（二）申请人民法院强制执行，人民法院裁定中止执行的；

（三）其他需要中止执行的。

**第九十一条** 因自然人死亡或者法人、非法人组织终止，并且无权利义务承受人等原因，致使行政处罚决定无法继续执行的，经市场监管部门负责人批准，可以终止行政处罚决定的执行。

## 第七章 结 案

**第九十二条** 办案人员应当自一般程序案件出现下列情形之日起十五个工作日内报经市场监管部门负责人批准后，予以结案：

（一）行政处罚决定执行完毕或者人民法院终结强制执行程序的；

（二）决定终止行政处罚决定执行的；

（三）不予（免予）行政处罚的；

（四）决定销案的；

（五）决定终止调查的；

（六）案件移送其他行政机关或者司法机关的。

**第九十三条** 办案人员应当将案件办理过程中形成的材料按照档案管理的有关规定立卷。一般程序案件自结案之日起三十日内立卷，应当一案一卷，分为正副卷；简易程序案件按年度合案一卷。

## 第八章 附 则

**第九十四条** 本规定中的“以上”“以下”“以内”，均包括本数。

**第九十五条** 本规定所称的市场监管部门负责人，是指主要负责人或者分管负责人。

**第九十六条** 行政处罚有关文书由市市场监管部门统一制定。

**第九十七条** 天津市市场和质量监督稽查总队、天津市纺织纤维检验所以及市场和质量监督管理所根据法律、法规授权以自己名义实施行政处罚的，参照适用本规定。

**第九十八条** 天津市市场和质量监督稽查总队以市市场监管部门名义实施行政处罚的程序，市市场监管部门另有规定的，从其规定。

**第九十九条** 本规定自2018年1月1日起施行，有效期五年。